煤中纳米孔隙气体赋存与流动微观机理研究

韩 青 著

中国矿业大学出版社
· 徐州 ·

图书在版编目(CIP)数据

煤中纳米孔隙气体赋存与流动微观机理研究 / 韩青著. —徐州 ：中国矿业大学出版社，2025. 2. — ISBN 978 - 7 - 5646 - 6670 - 5

Ⅰ. P618. 13

中国国家版本馆 CIP 数据核字第 2025QD8451 号

书　　名	煤中纳米孔隙气体赋存与流动微观机理研究
著　　者	韩　青
责任编辑	章　毅
出行发行	中国矿业大学出版社有限责任公司 (江苏省徐州市解放南路　邮编 221008)
营销热线	(0516)83885370　83884103
出版服务	(0516)83995789　83884920
网　　址	http://www. cumtp. com　**E-mail**:cumtpvip@cumtp. com
印　　刷	江苏凤凰数码印务有限公司
开　　本	787 mm×1092 mm　1/16　**印张** 11　**字数** 215 千字
版次印次	2025 年 2 月第 1 版　2025 年 2 月第 1 次印刷
定　　价	49. 50 元

(图书出现印装质量问题,本社负责调换)

前　言

随着矿井开采强度及深度的增加，矿井瓦斯灾害日益凸显，严重制约矿井安全生产。我国煤层渗透率低、孔隙瓦斯解吸难度大，导致瓦斯抽采过程中存在诸多问题。通过研究煤体纳米孔隙气体赋存及流动规律，得到不同孔径对应气体的解吸规律，针对性地提出高效抽采方案，最终可以实现矿井瓦斯安全高效抽采。由于煤的非均质性及其孔隙结构的复杂性，通过分子模拟手段对煤微孔瓦斯相关特性进行研究已成为解决相关难题的有效手段之一。然而，现阶段基于分子模拟手段构建的孔隙结构模型大多为简化模型，并不能真实反映煤孔隙气体赋存及流动特性。

为此，本书结合多种实验手段构建与真实煤体结构相近的不同变质程度煤微孔结构模型，通过分析 CH_4（甲烷）在煤微孔中的吸附及扩散特性，阐明气体赋存特征、气体流动规律及气体与壁面之间的相互作用机理、孔隙气体流动特性及注气解吸机理，从而为提高煤层气抽采率提供理论指导。

本书具体内容如下。

(1) 采用傅里叶红外光谱、固体核磁共振、X 射线光电子能谱等测试方法，对赵固煤矿无烟煤样品、西山煤矿焦煤样品、塔山煤矿褐煤样品的官能团种类、碳元素种类进行了定性及定量分析，初步构建了三种煤的大分子模型。通过 Material Studio 8.0 进行结构优化、退火、分子动力学计算以获得能量最小化模型，同时，基于能量最小化模型构建对应的煤基质模型，所构建模型经验证能够真实反映煤结构并可用于后续计算。

(2) 煤基质单组分气体吸附结果显示，随着煤变质程度加剧，吸附量呈不断上升的趋势。CH_4 等量吸附热与变质程度正相关，CO_2（二氧化碳）等量吸附热与变质程度负相关。双组分气体吸附结果显示，303.15 K（30 ℃）、24 MPa、CH_4/CO_2（摩尔比）＝0.9∶0.1 条件有利于 CO_2 对 CH_4 的竞争吸附。同时，吸附量不完全受等量吸附热控制，还与其他吸附空间等因素有关。

(3) 构建能够真实反映煤纳米孔隙 CH_4 流动的简化物理模型，结果表明，气体运移主要依托于压差作用，纳米孔隙中 CH_4 以吸附态为主，扩散的主要形式为表面扩散，体积扩散较少，最终导致扩散周期延长。对三种煤样的孔径分布情况进行实验测定发现，孔径分布以 10 nm 以下微孔为主，对应 24 nm 微孔数量最多，最终基于已构建的煤基质模型构建对应孔径分别为 1 nm、2 nm、4 nm 的孔隙结构模型，经验证后发现所构建的煤孔隙结构模型与煤真实孔隙结构相近且模型构建方法具有通用性。

(4) 煤中纳米孔隙气体赋存及流动规律如下：同种孔径条件下，气体吸附量与温度负相关，与压力及变质程度正相关。在孔隙 CH_4 吸附过程中，孔隙 CH_4 相对于基质 CH_4 更易解吸，对应气体扩散能力与变质程度、压力负相关。不同孔径气体吸附量与孔体积非正相关，不同孔径气体等量吸附热对温度不敏感且孔径越大对应等量吸附热越低。不同孔径气体竞争吸附结果表明，高压、高浓度 CO_2 均不利于竞争吸附且低浓度 CO_2 在高阶煤竞争吸附中优势显著。不同孔径气体扩散系数对孔径相较于压力更敏感，且孔径越大越敏感，在低压阶段，扩散系数受压力影响显著。不同孔径气体与煤壁间相互作用能与变质程度正相关，且变质程度越高随压力增幅越明显，然而，当孔隙中存在多层吸附时，对应的相互作用能变化不显著。

(5) 煤中纳米孔隙气体的流动实际为气体解吸及扩散的过程，不同孔径纳米孔隙 CH_4 解吸扩散系数随孔径及煤体变质程度增加呈不断增加趋势，对应最优注气解吸压力不断增加。同变质程度煤中，随注气压力增加，扩散系数呈先增大后减小的趋势，同时，初期 CO_2 促解吸优势显著，后期压力抑制作用显著。在注气解吸过程中，范德瓦尔斯能占据主导地位，同一孔隙压力条件下，体系能量随注入压力的增加而增加，但对应能量增幅逐渐减小，同时，孔径越大对应能量变化越不显著。

由于作者水平有限，书中难免存在疏漏之处，恳请读者批评指正。

著　者

2024 年 10 月

目　　录

第1章 绪 论

1.1 研究背景与意义

根据《2022 年世界能源统计年鉴》[1]，2022 年全球一次能源需求增长 5.8%，比 2019 年高 1.3%。其中，化石燃料占一次能源使用量的 82%，而 2019 年和五年前的占比分别为 83%和 85%。全球煤炭 2021 年的消耗量增长超过 6%，略高于 2019 年，是 2014 年以来的最高增幅。中国能源生产结构中，煤炭占比 67%，天然气占比 6.1%，石油占比 6.6%，非化石能源占比 20.3%。根据《中华人民共和国 2022 年国民经济和社会发展统计公报》[2]，我国 2022 年能源消费总量为 54.1 亿 t 标准煤，煤炭消费量占能源消费总量的 56.2%，由此可知，煤炭在我国化石能源消费中占据极其重要的地位。

煤层气作为典型非常规天然气，在我国的储量远高于页岩气和致密气。中国作为世界煤层气第三大国，储量仅低于澳大利亚和美国。近年来，随着开采技术的不断进步，全国 2023 年煤层气产量达到 117.7 亿 m^3，约占国内天然气供应的 5%，增量占比达到 18%，成为国内天然气供应的重要补充[3]。已有研究表明，埋深在 1 000～2 000 m 的煤层气资源量约为 18.9×10^{12} m^3，约占煤层气地质储量的 62.8%；埋深在 2 000～3 000 m 的煤层气资源量约为 18.5×10^{12} m^3，深部煤层气资源开采潜力巨大[4-5]。高效开发煤层气将有利于改善温室效应、提高资源采收率及减少矿井瓦斯事故发生率，从而有效推进“双碳”目标的实现。

综上所述，我国的煤炭及煤层气资源储量丰富，但随着近年来开采强度及深度不断增加，导致矿井瓦斯、顶板等灾害发生的概率呈现不断上升的趋势。同时，煤层埋藏深度的增加使得原位地层的压力及温度不断发生变化，最终导致煤中瓦斯赋存含量存在显著差异。然而，我国大多数矿区的煤储层渗透率较低，导致瓦斯利用率较低[6-8]。因此，如何采取有效手段在确保安全生产的前提下提高煤层气产量已成为广大研究学者关注的重点[9-10]。现阶段的研究中提出了多种煤层气增产手段，包含注热开采[11]、水力压裂[12]、液氮压裂[13]、CO_2压裂[14]、CO_2驱替[15]、超临界CO_2压裂及驱替[16]等。此外，由于复杂地质作用影响，煤体结构存在非均质性[17-18]，导致煤基质中的孔隙、裂隙发育较为复杂多变，孔径分布也存在较大差异，而甲烷吸附容易受到温度[19]、压力[20]、孔径[21-22]及煤体变质程度[23]等多方面因素的影响。基于上述复杂特性的存在，研究气体在煤孔隙通道中的吸附、解吸、扩散及渗流规律对于提高瓦斯抽采效率、实现矿井安全生产具有重要意义。

甲烷在煤中的吸附以物理吸附为主[24]，其本质属于煤与甲烷分子间的相互作用，而这一过程中主要吸附场所为煤体的孔隙结构[25-26]。煤体的孔隙结构极为复杂，包含大量纳米孔隙及可见裂隙，孔隙和裂隙构成的复杂网状结构为气体储存和流动提供了场所和通道。然而，目前大多数实验研究仅能从大孔及中孔的层面分析其吸附特性。已有研究表明，煤体中大量瓦斯赋存于微孔中，而现阶段的实验手段还不能对微孔中的相关物理作用进行分析。

目前，煤基质对甲烷吸附机理的研究已为煤层气高效开采提供了有效理论支撑。煤的大分子结构复杂且煤储层具有非均质性，因此现阶段对于甲烷在煤基质中的吸附机理研究仍不够透彻。因此，随着科学技术的不断进步，分子模拟技术已被逐渐应用于关于煤体甲烷吸附特性的研究中。近年来，通过分子模拟手段精确研究甲烷在煤体孔隙中的吸附机理已被国内外学者广泛关注。国内外学者已通过大量研究手段构建了不同类型的煤分子结构模型，其中较为典型的褐煤结构模型包含 Wender 模型[27]、Shinn 模型[28]以及 Hatcher 模型[29]；烟煤结构模型包含 Wiser 模型[30]、Fuchs 模型[31]、Given 模型[32]、Hill 及 Lyon 模型[33]；无烟煤结构模型包含 Hirsch 模型[34]、Pappano 模型[35]及 J. H. Xiang[36]等提出的模型。

由于孔隙结构的复杂性，目前构建的孔隙结构模型大多为简化模型，常用碳纳米管及石墨烯片层结构构建，并不能真实反映煤体孔隙结构状态。为此，本书基于上述研究成果，采用实验与分子模拟相结合的方法，构建了更符合真实情况的复杂煤体微孔孔隙结构模型。基于分子模拟的相关结果，综合分析不同变质程度、不同孔径、不同环境条件下，孔隙内甲烷与壁面间的相互作用关系、孔隙内甲烷的赋存及流动状态、不同孔径中气体竞争吸附差异、不同孔径气体解吸特性差异，进而揭示煤微孔中气体赋存及流动差异的机理，为后期采取合理手段提高甲烷采收率并实现煤与瓦斯突出防治打下坚实理论基础，最终实现安全高效开采。

1.2 国内外研究现状

1.2.1 煤中甲烷赋存与流动特性理论研究

煤作为孔隙-裂隙双重介质，煤中的微观孔隙结构极其复杂，而复杂的孔隙-裂隙是瓦斯运移的主要场所[37-39]。煤体中甲烷的存在形式为吸附态、游离态及固溶态，其中，吸附态占比为70%～95%，游离态占比为10%～20%，固溶态占比极低[40]。吸附态和游离态瓦斯赋存状态主要受温度、压力及外部扰动等多种因素的影响[41]，外界因素影响下，孔隙中的瓦斯发生分子热运动，导致气体与孔壁之间发生碰撞进而出现吸附与解吸，期间由于处于吸附态和游离态的瓦斯发生质量交换而导致系统能量发生变化[42]，因此，甲烷在煤体中的赋存实际是一个动态平衡过程[43-44]。

煤层孔隙中的甲烷主要以吸附态存在，后期需要经过解吸、扩散、渗流多个步骤相互作用才能实现其抽采[45-47]，基于热力学、统计力学等理论，相关学者已研究得出代表不同吸附形式的吸附模型。甲烷在煤孔隙中的平衡状态主要包含以下四种：吸附相、游离相、孔隙气相、类液相[48-50]。现在普遍认为煤对气体分子的吸附属于单分子吸附，主要作用力为孔壁与气体分子间的静电力、诱导力和色散力等。相关学者从微观层面分析了气体与煤基质间的相互作用，发现煤对气体分子的吸附以物理吸附为主，脂肪官能团有利于气体的吸附，含氧官能团不利于气体的吸附[51-52]。煤对气体分子的吸附除与煤中官能团构成相关外，煤的物理组成也会对其造成不同程度的影响，煤岩组分差异导致煤中微孔的发育程度、连通性等不同[53-54]。其中，当煤岩中镜质组含量较高时，对应的微孔气体吸附能力较强[55-56]。相关实验研究结果表明，煤样的气体吸附能力与压力为正相关的关系，但与温度为负相关的关系，关于孔隙中气体吸附量与孔隙结构、温度、压力之间的关系目前仍没有形成统一认识，因此，需要通过分子模拟等相关手段进一步探究。

除温度、压力外，目前还有大量学者分析了水分含量对煤吸附特性的影响，水分含量的增加将导致吸附量的降低，但当水分含量达到一定值后对应的吸附量将不再变化。水分子属于极性分子，其与孔壁之间具有更好的亲和力，孔壁优先吸附水分子，因此导致甲烷的有效吸附空间变少。同时，已有研究结果表明，水分对低阶煤吸附能力的影响显著高于高阶煤。上述研究主要为气体水对吸附量的影响，相关研究还发现，当水的存在形式为液态水时，其主要作用为使煤表面润湿同时赋存于大孔中，对整体吸附能力影响不显著，且适量含水将有利于吸附。

基于瓦斯在孔隙中的扩散、物质交换等现象，近年来，相关学者已提出适用于不同物理环境的气体吸附模型，目前较为常用的为以下几种理论模型，模型中均考虑温度、压力及其他外界环境因素的影响。

1.2.1.1 Langmuir 单分子层吸附理论

Langmuir 吸附理论由 I. Langmuir 在 1916 年提出，该理论认为气固之间的相互作用主要为两种形式——弹性碰撞与非弹性碰撞[57]。弹性碰撞指碰撞后的气体分子仍为不发生吸附发热自由态，而非弹性碰撞指发生碰撞后的分子由于范德瓦尔斯力相互作用而在固体表面形成吸附层。在一定时间范围内，吸附的气体分子数量与游离态的吸附分子数量保持动态平衡，基于此，Langmuir 对吸附模型提出以下三种假设[58]。

假设一：假定吸附剂表面是均匀的，不存在表面吸附的差异性，即气体分子吸附过程中放出的热量是相同的。

假设二：在吸附的过程中，假定只有吸附质分子与吸附剂分子表面碰撞时才能发生吸附，当新吸附的分子与已吸附的气体分子相接触时不会发生二次吸附，其运动形式为弹性碰撞。吸附剂表面的吸附空位只能吸附一个吸附质分子，即单层吸附。

假设三：假定已经被吸附的吸附质分子发生解吸的概率是相同的，与吸附剂表面结构特性无关，即吸附分子之间不存在耦合作用，仅吸附质与吸附剂分子之间存在范德瓦尔斯力相互作用，吸附质分子与相邻分子之间不存在相互作用，各吸附质分子间彼此独立。

综上，结合分子动力学相关理论可以推导出 Langmuir 单分子层等温吸附理论如下：

$$Q=\frac{abp}{1+bp} \tag{1-1}$$

式中 Q——吸附量，m^3；

a——Langmuir 吸附常数，m^3/t（范围为 15～55 m^3/t）；

b——Langmuir 压力常数；

p——吸附平衡压力，MPa。

多年来，大量研究学者的理论及实验验证表明，Langmuir 吸附方程在瓦斯气体吸附方面具有广泛的适用性。

1.2.1.2 BET 多层吸附理论

基于 Langmuir 理论模型，1938 年，S. Brunauer、P. Emmett 和 E. Teller 提出了 BET 多层吸附理论。与 Langmuir 单分子层吸附理论相比，BET 模型具有更好的适用性。该理论认为，当吸附剂表面完成单层吸附后，新的吸附质气体分子与原有的吸附质分子层接触时会形成新的吸附层，新吸附层的吸附质分子与原吸附层分子间存在范德瓦尔斯力相互作用[49]。近年来，基于大量理论与实验研究结果，研究学者对 BET 方程进行多次修正，目前常用的为二常数 BET 方程[53]，适用于多孔材料吸附计算及固体表面积测定，具体表达形式如下：

$$V=\frac{V_m pC}{(p_s-p)[1-(p/p_s)+C(p/p_s)]}\times 100\% \tag{1-2}$$

式中 V——平衡压力为 p 时的吸附总体积，m^3；

V_m——饱和吸附时所需吸附质体积，m^3；

p——吸附平衡压力，MPa；

p_s——饱和蒸气压，MPa；

C——吸附常数。

1.2.1.3 吸附势能理论(微孔填充理论)

吸附势能理论主要用于对微孔表面吸附特性进行分析，认为吸附剂表面的吸附质分子主要是在力场作用下凝聚[59]。微孔吸附中，孔间距较小将导致孔隙表面残余力场的叠加，导致微孔内孔壁对吸附质分子的吸附力增强，从而出现吸附质的凝聚现象，凝聚后的吸附质分子并非以吸附态吸附于孔壁上，而是以凝聚态存在孔隙内部空间，即微孔填充理论[60]。微孔填充理论将 1 mol 气体凝聚于微孔中成为吸附态所需的功定义为吸附势，该参数与温度无关，适用于填充率大于 15%的吸附过程[61]。吸附势理论对应的方程如式(1-3)所示，当式中 $q=2$ 时，Dubinin-Astakhov 方程(以下简称 D-A 方程)转换为 Dubinin-Radushkevich 方程(以下简称 D-R 方程)，其中 D-R 方程在分析微孔体系中的吸附能变化时具有显著优势[62]。

$$V_a=f(\varepsilon)=f[RT\ln(p_s/p)] \tag{1-3}$$

式中 ε——吸附势；

T——吸附平衡温度，K；

p——吸附平衡压力，Pa；

p_s——饱和蒸汽压，Pa；

R——气体常数，mol^2/J^2。

由于微孔填充理论在极限压力条件下不能回归 Henry 定律，存在诸多方面的不足，因此，修正后得到经典吸附方程，包括 D－A 方程和 D－R 方程，其中 D－A 方程如下[63]：

$$\theta = \exp -\left(\frac{A}{E}\right)^q \tag{1-4}$$

式中 θ——微孔填充度，mmol/g；

A——吸附功的微分，$A = RT\ln\frac{p_s}{p}$；

E——吸附自由能，J/mol；

R——气体常数，mol^2/J^2；

q——整数。

1.2.1.4 Langmuir-Freundlich 吸附模型及 Freundlich 经验公式

当吸附温度大于或等于临界温度时，假定固体表面仅存在气体单层吸附的现象，因此，可以对 Langmuir 理论模型进行修正后得到 Langmuir-Freundlich 吸附模型如下[64]：

$$V_a = \frac{V_s k p^m}{1 + k p^m} \tag{1-5}$$

式中 V_a——总吸附量，mmol/g；

V_s——最大吸附量，mmol/g；

k——吸附解吸速率比；

p——压强，Pa；

m——校正系数，一般小于 1 且与温度成正比。

Freundlich 经验公式为纯经验公式，没有准确的物理含义，具体表达式如式(1－6)所示[65]：

$$V = K_b p^n \tag{1-6}$$

式中 V——吸附量，mmol/g；

K_b——结合常数；

n——模型参数，与模型本身物理性质有关。

1.2.1.5 吉布斯吸附方程

吉布斯吸附方程是用于描述吸附作用的基本公式，基于吸附前后表面张力变化计算吸附量，进而得到界面吸附分子状态信息。吉布斯吸附方程基于经典热力学理论研究吸附平衡过程，假定吸附气体为二维微观流体，相关表达式如下[66]：

$$A\left(\frac{\partial \pi}{\partial p}\right)_{\mathrm{r}}=n\frac{RT}{p} \tag{1-7}$$

式中 A——吸附剂比表面积，$\mathrm{m^2/g}$；

π——表面张力，N/m。

1.2.1.6 分形理论

一般情况下，吸附剂为非均质结构，孔径分布及形貌等都具有较大差异，吸附剂本身结构的不均匀性常会导致吸附表面力场出现不均匀的情况，体现在能量分布不均，基于此，可以利用分形理论对吸附剂表面的不均匀性进行表征[67-68]。吸附过程中，吸附质与吸附剂之间存在相互作用，同时，其他空间内气体分子与吸附质分子间也存在相互作用，而相互作用的力场强弱在一定程度上可以反映出吸附剂本身的结构特性。根据吸附剂表面的分形特征，可以得到吸附质在其表面的吸附势能曲线。基于分形理论的提出，可以进一步得到原有吸附模型的分形模型，其中，分形 Langmuir 模型的表达式如下[69]：

$$Q=\frac{abp^{3-D}}{1+bp^{3-D}} \tag{1-8}$$

式中 D——分形维数，代表孔隙规则程度，多孔介质中 $2<D<3$，D 越大孔隙结构越复杂[70]。

上述模型都考虑了不同外界因素对吸附剂吸附特性的影响，目前，前三种模型的应用最为广泛。综合分析上述吸附理论研究背景，大都是基于剩余力场理论，界面两侧吸附质存在特性差异，导致吸附质受力不均匀，进而产生剩余力场，整个过程是自适应力场的平衡过程。在实际吸附过程中，吸附剂本身的复杂性，吸附质与吸附剂之间的作用强度、作用方式不同，导致存在不同吸附类型及对应的模型公式。上述吸附理论都有各自的优缺点，但都在一定程度上反映出甲烷在煤体孔隙中吸附的力学特征，且符合生产实际。

煤储层作为典型的多孔介质结构，整体裂隙较不发育、结构较为致密。然而，煤基质的物理结构决定了煤储层的甲烷赋存能力，而煤基质中的甲烷流动主要由裂隙决定[71]。在煤层气开采过程中，甲烷在孔隙和裂隙中的运动是复杂且长期的相互作用过程。煤基质本身不均匀，因此，在压力、浓度及化学势驱动作用下，处于吸附态的甲烷经过解吸、扩散、渗流向自由空间更大的裂隙区域移动,整个过程时间周期较长且复杂,具体过程如图 1-1 所示。

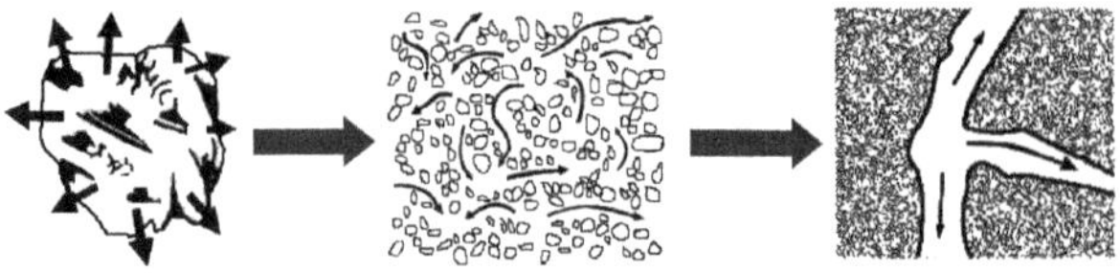

图 1-1 甲烷运移产出过程[72]

解吸后的甲烷需要通过孔隙及裂隙通道扩散至裂缝中,从而形成达西渗流,而实际的扩散是由于浓度差的存在,高浓度甲烷流向低浓度甲烷,通过不规则的分子热运动实现甲烷的流动[73]。因此,为进一步分析吸附质与吸附剂之间的碰撞程度,需要引入 Knudsen 系数(K_n)对不同的运动状态进行划分,关于 Knudsen 系数的计算方式如下[74]:

$$K_n = \frac{\lambda}{d} \tag{1-9}$$

式中 λ——气体分子平均自由程,m;

d——平均孔径,m。

根据 Knudsen 系数变化范围,可以将孔隙尺度气体的流动状态划分为:① 连续流($K_n < 10^{-3}$),即孔径足够大时将不考虑孔壁对气体的吸附作用($10^{-3} < K_n < 10^{-1}$),可以认为气体的运动状态符合达西定律;② 滑移流,随着孔径的减小,气体运动开始受孔壁影响,此时气体运动速度不是零,不遵循达西定律;③ 过渡流,当 $10^{-1} < K_n < 10$ 时,气体分子热运动剧烈,气体运动形式复杂;④ Knudsen 流,当孔径足够小时,即 $K_n > 10$ 时,可以从分子层面分析流动扩散[75]。理论上,孔隙中气体的运动状态以滑移流、过渡流为主,伴随有少量连续流(达西流)。

煤岩体系结构复杂导致煤体中有机与无机成分所构成孔隙中的气体流动特性存在差异。既有研究表明,无机孔隙中气体流动简单,气体属于自由态,气体与孔壁间的相互作用可以分为黏性流动、滑移流动及克努森扩散;在有机孔隙中,气体分子可能表现出单层和多层吸附,且孔壁与气体之间的相互作用较为复杂。在这种情况下,吸附相的运动状态主要以表面扩散为主,表现出较为复杂的动态行为。相比之下,自由相气体的运动方式更接近在无机孔隙中的行为,其扩散特性受孔隙结构和孔壁相互作用的影响[67,76-78]。随着相关环境参数的变化，吸附相与自由相厚度不断变化，二者不断转化，因此无法对其进行明确区分。有机质纳米孔隙中吸附相与游离相一直在发生动力学交换，因此，需要构建合理的煤岩基质体系分析煤体孔隙中的气体微观流动机理以有效实现煤层气高效开采。

1.2.2　煤大分子结构研究

煤作为典型的非均质材料且具有各向异性，包含大量的有机和无机成分。其中，有机物成分对甲烷吸附影响较大，而无机结构对甲烷吸附影响不显著，基于此，国内外研究学者基于大量研究成果构建了不同类型的煤分子结构模型。在已有的煤分子结构模型中，石墨、石墨烯及碳纳米管由于其主要性质与煤相近，相关研究为减少工作量常利用它们作为简化模型。然而，随着相关结构表征技术的不断发展，更多更符合实际情况的煤结构模型被构建，模型中包含大量官能团及杂原子。

基于已有研究成果，目前已存在大量煤分子结构模型，应用较为广泛的有 Wiser 模型[79]（图 1－2）、Given 模型[32,80]（图 1－3）、Shinn 模型[28]（图 1－4）、Fuchs 模型[31,81]（图 1－5）、成庄无烟煤模型[82]（图 1－6）等。

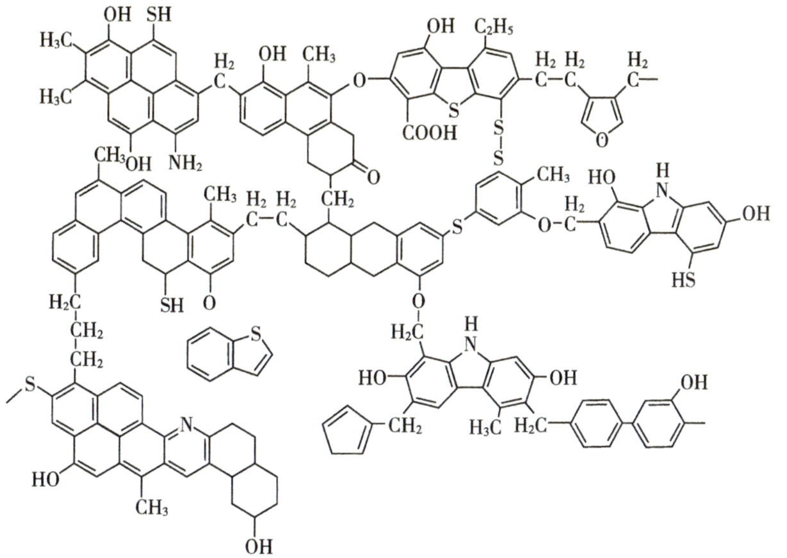

图 1－2　Wiser 模型

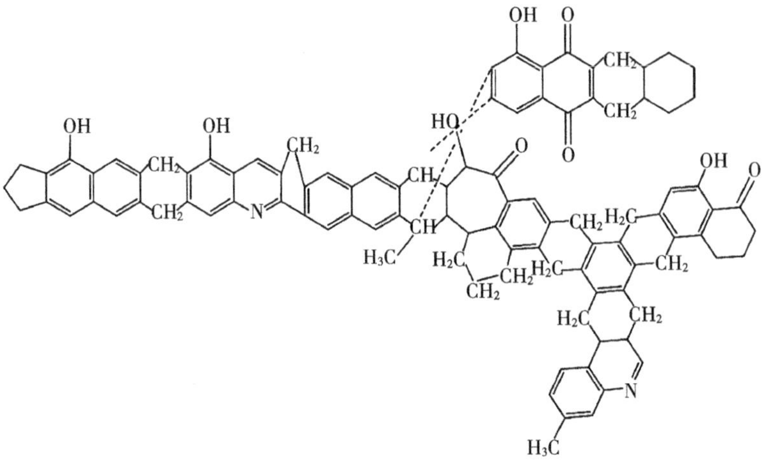

图 1-3　Given 模型

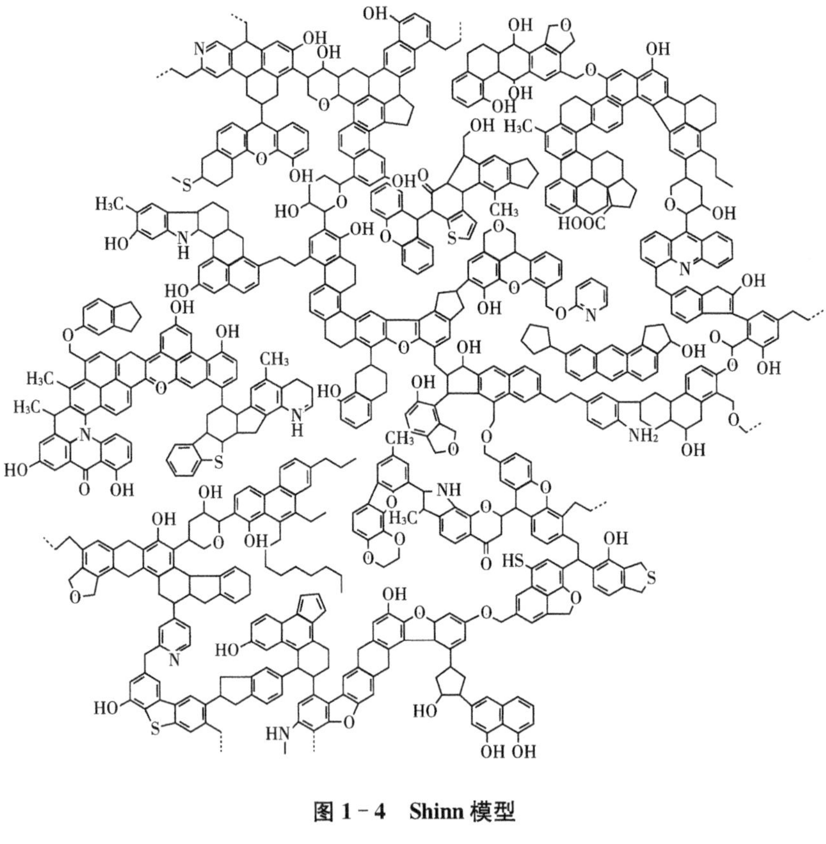

图 1-4　Shinn 模型

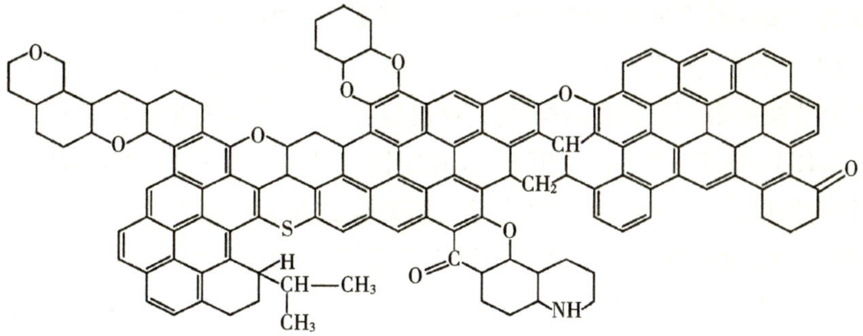

图 1－5　Fuchs 模型

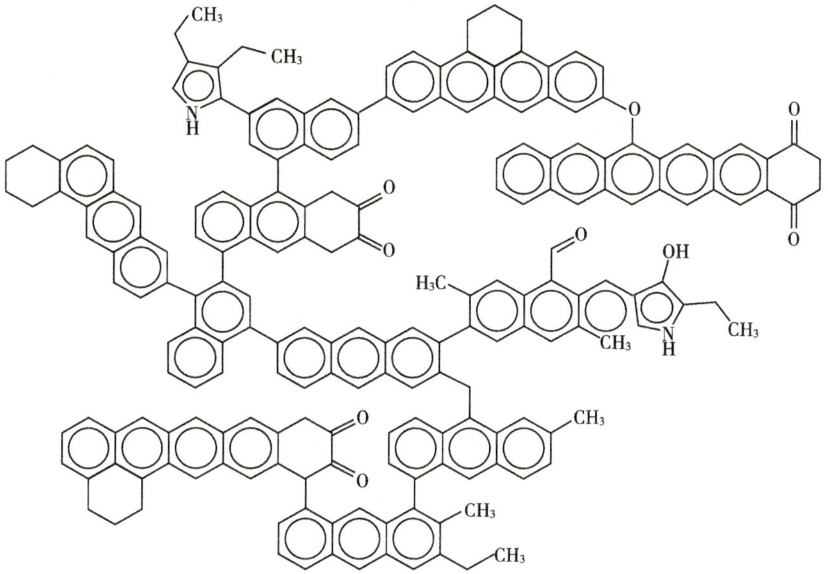

图 1－6　成庄无烟煤模型

随着分析测试技术的不断进步，实验结合计算机方法已被广泛应用于煤大分子模型的构建。目前，常用的分析手段包含：元素分析、红外光谱分析、核磁共振分析、X 射线光电子能谱分析、高分辨率透射电镜分析及 X 射线衍射分析等，结合分子力学及量子化学等计算方法可以对煤中的相关结构特征进行表征[83-86]。综合分析现阶段的实验分析方法，煤结构分析涉及诸多领域，但由于煤分子的复杂性及非均质性，现阶段的煤结构表征仍然需要进一步完善。

基于上述研究结果，国内外研究学者已对煤结构的构建方法进行了深入研究，提出了多种符合实际的煤大分子结构模型。其中，相建华等[87]通过对兖州煤进行工业分析、元素分析、^{13}C CP / MAS NMR 等测试后得到了表征煤结构的 12 个结构参数，最终成功构建了兖州煤大分子结构模型。伦嘉云[88]通过FTIR、XRD、HRTEM、XPS、^{13}C－NMR 定性定量地分析了 12 种不同变质程度煤的物理性质，结合分子动力学计算及相关验证方法得到了 12 种煤样的分子结构并对其吸附特性进行了对比分析。张彬等[89]构建了沁水盆地南部无烟煤大分子结构模型并对其力学特性进行分析。J. Q. Meng 等[90]构建了赵庄煤的大分子结构模型并基于 GCMC 方法分析了单个煤分子的吸附特性。W. Zha等[91]通过 FTIR、^{13}C－NMR 对煤结构进行表征，结合 Material Studio 软件构建了煤大分子结构模型，通过与实验对比后发现，误差在 5%以内，证明了所构建模型的正确性。L. Qian 等[92]基于煤结构测试实验结合分子模拟手段构建了准东亚烟煤结构模型。A. Ping 等[93]借助多项结构表征手段构建了煤中的镜质组及惰质组结构模型。S. Zhang 等[94]基于实验及模拟方法构建了屯兰煤的分子结构模型，并分析了溶解过程中的孔扩张及孔增加现象，研究发现，在非键相互作用中，静电能在一定程度上对煤的微孔结构造成影响，同时，随着煤分子中小分子溶解煤孔隙结构将会增多。J. Jiang 等[95]通过 XRD、拉曼光谱及 FTIR分析得到了中高阶煤样的分子结构模型，并对获得的 5 种煤样的分子结构进行对比，分析了不同变质程度煤种中芳环结构的变化规律。W. Zha 等[91]利用FTIR、^{13}C－NMR 对平顶山煤中的芳香结构、含氧结构、脂肪结构进行综合分析，结合分子力学及分子动力学理论得到了平顶山煤样分子模型，并将其密度、吸附模拟数据与实验相对比，验证了模型的正确性。Q. Han 等[96]基于核磁共振、红外光谱、X 射线能谱构建了三种变质程度不同的煤大分子结构模型，同时对其吸附特性进行研究，初步探究了煤体变质程度对甲烷吸附特性的影响机理。

综上所述，现阶段国内外研究学者对煤结构模型的构建方法已基本掌握，同时，煤结构模型构建所涉及的基础测试技术已趋于成熟，表征手段也趋于多样化，可通过多种软件的配合使用构建出煤的大分子结构模型并进行相关性质的模拟计算，与实验数据进行对比后进行后期修正，从而得到能够真实反映煤结构的大分子结构模型。目前关于煤大分子结构模型的构建已逐渐趋于完整，从简化的仅包含芳环结构的煤分子模型到包含诸多小分子结构的煤大分子模型，模型与真实结构的相近程度不断提高。

然而，目前关于煤分子模型的研究大多仍基于煤基质，研究内容包含单分子、多分子、含水吸附特性等方面，但实际生产过程中普遍认为气体分子吸附于煤体孔隙结构中，孔隙中的气体赋存及流动特性已逐渐引发国内外研究学者的关注。基于此，本书基于煤大分子结构模型构建现状对现阶段分子模拟煤孔隙结构相关研究进行系统探究，从而对煤孔隙结构构建方法及研究现状有深入认知，最终基于研究现状优化孔隙结构模型构建方法，获得更加符合实际情况的煤孔隙结构模型以便进行后续相关研究，完善现阶段的理论。

1.2.3 煤纳米孔隙分子模拟研究

煤作为非均质体，富含大量孔隙结构，由于不同变质程度煤体孔隙的大小分布不均匀，而不同的孔隙结构又会导致煤层气在孔隙中的吸附、解吸、扩散及运移出现不同程度的差异。煤中瓦斯的赋存状态主要为吸附态及游离态，主要的赋存场所为煤孔隙结构，已有研究表明，赋存于煤孔隙中的吸附态瓦斯可达80%，甚至更高[97-99]。大量研究学者基于实验测定等方法对煤孔径分布进行研究，目前被大家广泛应用的分类方法为IUPAC分类方法[100]，煤体孔隙可以被划分为微孔、中孔及大孔。气体的主要吸附场所为微孔[101-102]，而渗流作用主要在大孔中进行，同时，赋存于微孔中的甲烷较难被采出，目前常通过注入高压CO_2、N_2等方法进行竞争吸附，从而实现甲烷的驱替置换，有效提高煤层气的采收率。因此，采用合理的方法对煤孔隙结构表征并对其吸附特性进行研究对于实现煤层气高效开采具有重要指导意义。

目前，关于微观孔隙结构的构建主要包含以下三种类型。① 原生基质孔[103-104]：以微孔及超微孔为主，整体孔隙度较低，孔径基本小于1 nm，应用较少；② 人造狭缝孔[105-108]：应用最为广泛，但形态较为单一，主要用于研究煤表面对气体吸附特性的影响，构建方法较为简单；③ 有机组分去除孔[109-111]：可以用于构建指定孔径及指定形态的孔隙结构，形状较为灵活，但在构建过程中涉及煤分子的剪切，会导致煤分子结构被破坏从而影响相关性质的判断。

关于狭缝孔中气体吸附与流动特性的研究，国内外研究学者已提出多种狭缝模型的构建方法，包含通过构建指定间距的狭缝孔隙模型实现孔隙中气体赋存及竞争吸附等特性的研究，同时，将碳纳米管用于简化孔隙结构模型也较为常见[39]。相关模型结构如图1-7所示。

关于孔隙模型构建，国内外研究学者已进行了相关研究，其中，邓佳等[115]采用石墨烯为壁面模拟有机物纳米孔隙，并基于非平衡分子动力学方法研究了压力驱动对分子运移的影响。G. P. Lithoxoos 等[108]结合实验数据构建单壁碳

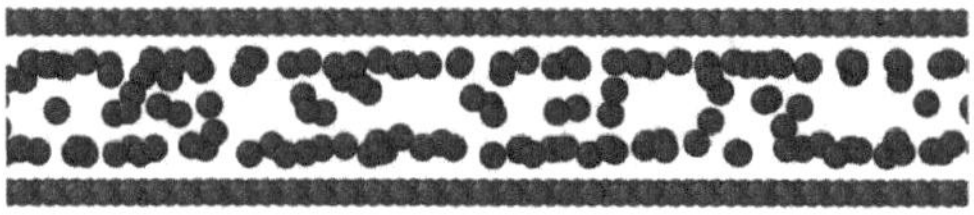

（a）碳纳米孔[112]

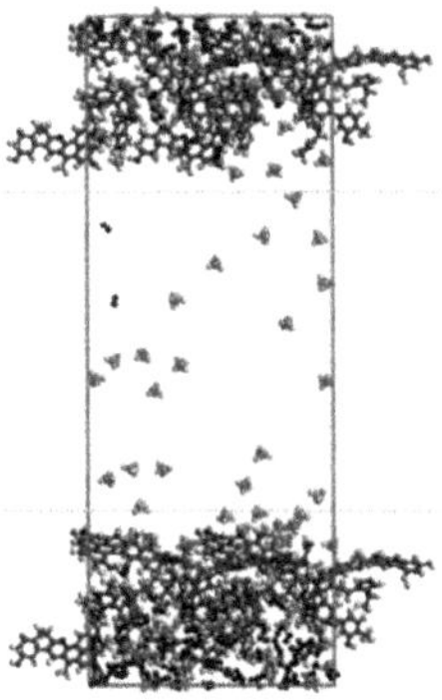

（b）狭缝孔模型[113]

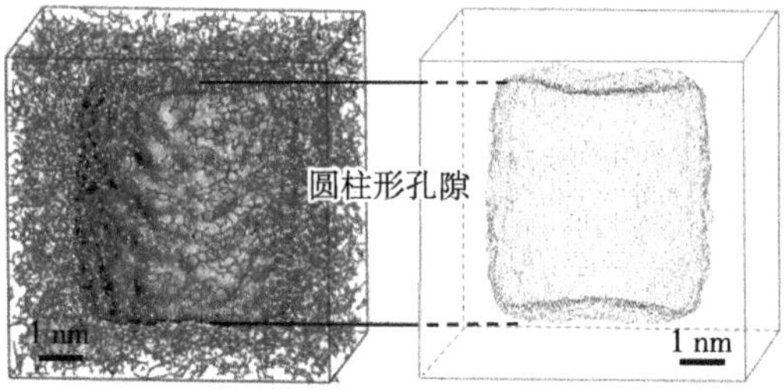

（c）填充孔模型[114]

图 1－7　常见孔隙结构模型

纳米管(SWCNTs)结构分析孔隙中 CH_4、CO_2 在 0.01～2.0 MPa 范围内的吸附特性。O. O. Adisa 等[116]研究了甲烷在石墨和单壁碳纳米管的吸附差异。S. Vela 等[117]研究了甲烷在单壁碳纳米管中的受限运动状态。还有人以石墨为初始结构构建了圆形、三角形、方形孔，并对比分析了不同孔隙形状对甲烷吸附特性的影响。为较为真实地反映孔隙表面的粗糙度，J. He 等[105]利用石墨片层搭建矩形、波浪形及三角形粗糙结构，通过定义粗糙度系数研究粗糙度及孔径对页岩气流动的影响。

由于石墨片层及石墨烯结构均为较理想的孔隙结构模型，而实际的煤孔隙结构包含大量有机及无机成分，因此，需要依据实际构建的煤大分子结构模型构建对应的孔隙结构模型。然而，构建包含大量煤分子的孔隙结构模型需要耗费大量时间进行优化及后续的吸附模拟，因此，现阶段模型中的煤分子数量相对较少，为反映真实孔隙结构，需要将计算的规模进一步扩大。其中，李树刚等[118]基于典型 Wiser 模型构建含 2 个煤分子的晶胞，随后进行全局优化并构建超晶胞用于后续相关吸附模拟。S. Tesson 等[119]以不同类型干酪根为基础构建不同粗糙度及孔径的干酪根孔隙结构模型，分析了孔隙中甲烷的吸附及扩散特性。郝有志等[120]选取高岭石构建了矩形横截面孔隙模型，基于非平衡分子动力学研究了页岩纳米孔隙内水和甲烷的混合流动行为。刘震一[121]基于褐煤基本单元中的官能团存在情况，在碳纳米管表面负载羧基、羟基等结构用于探究孔隙中气体的扩散与吸附特性。关于去除煤中有机组分的孔隙构建方式，较为典型的是：Y. Y. Li 等[110]和 T. T. Yin 等[111]利用不同形状及尺寸的钻石团簇模型为基础，将其与构建的煤基质结构模型相混合，经过一系列的优化后，去除钻石团簇得到相应的封闭及开放孔隙结构模型，相关模型较狭缝模型更为复杂且形状更为多样化。

综上所述，基于分子动力学模拟构建煤体孔隙结构模型具有可操作性强、易实现及创新性强等特点，但在实际构建过程中，煤结构的复杂性将导致孔隙结构的构建存在诸多问题，如孔径选择不合理、孔隙形态简单、骨架结构简单等，因此，需要基于煤的相关物理性质并结合相关测试手段对骨架基本结构及孔径参数选择等进行进一步优化，从而能够较为真实地反映煤孔隙结构特性，最终为孔隙中的气体赋存及流动机理研究奠定基础。

1.2.4 煤中甲烷赋存及流动特性分子模拟研究

目前，关于吸附的研究主要集中于原生基质孔及人造狭缝孔两种孔隙结构模型。同时，目前基于分子模拟方法研究孔隙中气体流动特征的实验大多基于石墨烯结构（包含纳米多孔碳及碳纳米管）与特定煤分子的纳米孔隙或矩阵结构[122-124]。

关于气体在煤原生基质孔中吸附的分子模拟研究，国内外研究学者分别从单组分吸附、多组分吸附及竞争吸附等方面研究含有不同孔隙结构煤基质的吸附特性。其中，相建华等[125]建立了兖州煤分子模型，研究了煤与 CH_4、CO_2、H_2O 相互作用的分子机制，研究结果分别从吸附量、等温吸附热、体系能量等多方面探究了不同组分与煤的相互作用机制。孙致学等[126]借助 Material Studio 建立指定温度、压力条件下的无烟煤大分子模型，构建周期性模型并用分子探针表征其孔隙分布情况，研究了 CO_2/N_2 交替驱替 CH_4 规律，研究结果表明，当 N_2 与 CO_2 的注入比为 0.6 时，CH_4 解吸率最高且对应煤体孔隙率最高。曲国娜等[127]以晋城寺河高变质无烟煤为研究对象，构建其对应分子化学结构模型并进行结构优化，对优化后的无烟煤模型进行吸附模拟，分析了不同温度、压力条件下 CH_4、CO_2 吸附量变化情况，研究结果表明，等温条件下气体吸附量随压力增大而增大，等压条件下气体吸附量随温度升高而降低。李子文等[128]研究了不同温度及不同含水率条件下单组分及双组分 CH_4 及 CO_2 在煤中的吸附行为，研究发现，高温及高含水率不利于气体吸附，等量吸附热与温度为负相关关系，与含水率为正相关关系。

关于不同类型煤样大分子结构及对应的气体吸附特性差异，相关研究学者也进行了系统研究。唐巨鹏等[129]构建了三种不同煤样模型，基于分子动力学方法研究了不同影响因素下的 CH_4 扩散系数变化规律，研究结果表明，温度升高利于扩散但不利于吸附，水分会对扩散有抑制作用[129]。M. Asif 等[130]研究了 CH_4、CO_2 在不同煤阶中的竞争吸附差异，研究结果表明，竞争吸附会受到煤体官能团结构的影响。Y. Song 等[131]以低阶煤为研究对象，通过实验及模拟方法对 CH_4 与 CO_2 的竞争吸附特征进行了研究，发现煤体中镜质组对 CO_2 具有较强的吸附能力。K. Dong 等[132]以不同变质程度煤样作为研究对象，对比分析了 CH_4 及 CO_2 在不同煤孔隙参数条件下对应的不同官能团对于气体的吸附差异，研究结果表明，孔隙结构和官能团对 CO_2/CH_4 吸附的贡献分别为 83％和 17％。

在分子模拟过程中常会对水分及不同气体组分对煤体吸附特性的影响进行研究，其中，武司苑等采用巨正则系蒙特卡罗方法研究了电厂烟气注入采空区后不同气体成分的竞争吸附差异，同时研究了水分含量对于气体吸附特性的影响[133-134]。李树刚等[135]应用 GCMC 方法，从热力学角度研究了不同温度及不同气体比例在煤分子中的吸附行为，研究发现 CH_4、CO_2、N_2 在煤中的吸附分别以点状、簇状、带状分布，吸附量与吸附热正相关，吸附能受吸附焓及吸附熵的影响，从热力学角度证明了煤对 CO_2 的吸附性能强于 CH_4、N_2。杨兆中等[136]模拟了煤储层不同孔径及不同水分含量下的甲烷吸附解吸差异，发现孔壁的叠加效应会导致吸附出现较大程度差异。D. M. Gao 等[137]研究了不同温度条件下单组分、二元及三元混合气体在褐煤中的吸附情况，研究结果表明，吸附质气体的等温吸附热随温度升高而呈现不断下降的趋势。C. A. Shan 等[138]和 S. Y. Wu 等[139]通过实验及分子模拟方法研究了电厂烟气在煤基质中的吸附特性差异。

关于气体在孔隙中吸附特性的分子模拟，相关学者已建立不同类型孔隙结构，并对孔隙中单组分气体及多组分气体吸附特性展开了系统研究。杨兆中等[140]基于分子模拟方法构建出石墨狭缝模型，分析讨论了温度、压力、孔径与 CH_4 解吸量间的关系，结果表明，较低温度对解吸影响不显著，只有大幅升温时才会显著提高解吸效率，同时，降压可以达到解吸的目的，但不能实现微孔中 CH_4 的解吸，随孔径增加，解吸量增加但增幅降低。陈国辉等[141]利用 GCMC 方法分别模拟了 CH_4 在伊利石及有机质孔隙中的吸附特性，通过分析浓度分布、密度分布及分子间相互作用阐明孔隙表面气体赋存机理，研究发现，孔隙表面吸附可分为强吸附、弱吸附、吸附层波谷。何映颉等[142]研究了石墨狭缝中 CH_4 的吸附机理，研究结果表明，石墨烯狭缝对 CH_4 的吸附为物理吸附，且随温度和压力的增加，吸附量呈现先增加后降低的趋势，CH_4 扩散系数与埋深成正比。李树刚等[118]基于含瓦斯煤吸附 CH_4 孔隙构型探究了不同 N_2/CO_2 注入压力下的煤体 CH_4 解吸机理，研究结果表明，CO_2 促进解吸的效果更为理想，注入 CO_2 的最佳压力值为 3～4 MPa，注入 N_2 的最佳压力值为 2～3 MPa。K. Mosher 等[25]利用分子模拟研究了 CH_4 和 CO_2 在煤的微孔和介孔中的竞争吸附，结果表明，压力对于孔隙气体吸附具有重要影响。Y. Liu 等[19]利用分子模拟研究了温度对不同孔径孔隙中 CH_4 吸附量和气体吸附密度的影响。T. T. Yin 等[111]利用金刚石填充的方式构建出特定直径及形态的煤体孔径结构模型，并研究了 CH_4 在孔隙结构中的运动状态及水分含量对吸附效果的影响。张磊等[143]和 H. H. Tao 等[144]通过分子动力学方法研究了多组分气体在煤中的竞争吸附特性及扩散特性。

由于煤结构较为复杂，研究学者将煤孔隙结构用石墨烯或碳纳米管代替，进一步探究外界环境对孔隙中气体吸附状态的影响。其中，K. Lin 等[145]将页岩孔隙简化为石墨烯片层并进行了 CH_4/CO_2 吸附模拟，模拟结果与实验结果相近，证明了模型的正确性。W. Song 等[146]基于 GCMC 方法分析了不同温度及压力条件下不同形态石墨微孔中 CH_4 吸附量差异，研究结果表明，不同孔隙结构的过剩吸附等温线和最大过剩吸附密度有显著差异，其中，三角形孔对应的吸附密度值最大。S. Y. Wu 等[139]和赵明慧等[147]通过分子动力学方法探究了 CH_4 在碳纳米狭缝孔中的吸附和置换机理，研究发现，在进行气体置换时，CO_2 可以直接替代吸附的 CH_4，而 N_2 则通过降低 CH_4 的分压起作用。Y. Bai 等[113]基于煤分子模型构建煤孔隙结构模型，分析了不同温度条件下注入 CO_2 及 N_2 后 CH_4 的解吸特征，结果表明，注入 CO_2 促进 CH_4 解吸的效果优于注入 N_2。

综上所述，国内外研究学者针对煤体甲烷赋存及流动特性的研究目前仍是针对煤基质开展的，同时研究内容大多基于某一种气体的吸附特性或某几种气体的竞争吸附特性。并且，研究外部环境因素对煤体甲烷赋存及流动的影响时，大多数研究针对温度、压力、含水率等单一因素开展。关于孔隙中的气体吸附及流动相关性质研究常基于已有煤结构模型，缺乏针对性。对于孔隙气体的驱替置换大多仅研究到竞争吸附层面，并未对其深层次的相互作用机理进行系统探究。为此,构建更符合真实煤体结构特性的煤体微孔结构模型并探究其对应的气体赋存及流动规律、针对性地给出提高微孔瓦斯抽采效率的相关建议是实现矿井瓦斯高效抽采的有效手段之一。

1.3 研究内容与方法

本书针对煤体纳米孔隙甲烷赋存及流动特性展开相关研究,首先利用多种实验分析手段并结合相关计算材料化学的方法构建不同变质程度的煤结构模型;其次,综合分析现阶段煤体孔隙甲烷赋存规律,确定煤体孔隙尺寸并构建对应的煤体微孔结构模型;最后,结合多种研究结果综合分析甲烷等气体在煤体孔隙中的吸附及扩散特性,揭示气体处于吸附平衡状态时的吸附相平衡特征、热力学特征及气体与壁面之间的相互作用机理,为提高煤层甲烷抽采率提供理论指导。本书的主要研究内容如下。

(1) 煤大分子模型构建

基于元素分析、傅里叶红外光谱分析、固体核磁共振分析、X 射线光电子能谱分析等方法对三种不同变质程度煤样基础结构参数进行表征。通过对测试数据进行拟合等操作得到煤中不同芳香结构的组成情况,结合计算材料化学软件及分子动力学软件对得到的煤大分子模型进行修正及优化,同时,基于优化后的煤结构模型进行正确性验证,确保得到的煤大分子模型能够反映真实的煤结构。

(2) 不同变质程度煤基质模型构建及气体吸附特性研究

基于构建好的煤大分子模型,构建包含多个煤分子结构的煤基质模型,分别探究三种不同变质程度煤样对甲烷及二氧化碳单组分及混合组分的吸附能力差异,根据吸附量、等量吸附热、选择吸附系数等参数变化情况,从分子结构层面分析吸附能力差异的主要原因,揭示不同变质程度煤体气体赋存差异机理。

(3) 不同孔隙模型构建及其气体赋存、流动规律

进行低温液氮吸附实验,借助比表面及孔径分析仪对所选煤样的孔径分布特征进行研究,确定模拟孔隙的孔径参数。基于构建的煤大分子结构模型进一步构建不同孔径的煤体纳米孔隙结构模型,分别探究同种孔径及不同孔径对应的气体赋存及流动特性差异,分析内容包含气体等温吸附量、等量吸附热、选择

吸附系数、气体浓度特性分布及扩散系数变化等。

(4) 煤中纳米孔隙气体解吸规律

根据煤体纳米孔隙含瓦斯构型，采用蒙特卡罗方法研究不同孔径条件下不同注入压力对甲烷解吸的影响规律。明确注气促解吸过程中气体分子与含瓦斯煤之间的相互作用特征，同时，明确不同变质程度煤样对应不同孔径条件下的最优注气解吸压力，最终阐明煤体纳米孔隙气体解吸差异机理。

1.4　创新点

本书基于分子模拟相关理论，构建不同变质程度煤大分子结构模型，同时基于相关测试手段对煤孔隙结构分布进行表征，最终获得能够真实反映煤孔隙结构的煤孔隙模型。基于蒙特卡罗方法对煤基质及孔隙中的气体赋存及流动特性进行分析，最终确定煤体微孔气体赋存及流动机理，本书的创新点如下。

① 利用核磁共振、红外光谱、X 射线光电子能谱等实验手段构建了三种不同变质程度煤样大分子结构模型，并对其吸附特性差异进行研究，揭示了不同变质程度煤体气体吸附特性差异的微观机理。

② 通过低温氮吸附实验对煤体微孔分布规律进行探究，研究发现微孔是煤体孔隙甲烷的主要赋存场所，同时，根据孔径分布结果初步确定煤体微孔的主要分布特性，基于大分子结构模型构建不同孔径微孔结构模型，模型的构建方法具有普适性，可以用于不同煤体的孔隙模型构建，模型构建方法弥补了现阶段孔隙模型构建的不足。

③ 研究了不同孔径、不同壁面结构对应的气体赋存及流动特性差异的影响规律，同时，提出注气解吸的分子模拟方法，针对性地提出不同变质程度、不同孔径、不同孔隙压力条件下对应的最佳注气解吸条件，阐明了煤体微孔气体解吸规律。

1.5　技术路线

本书主要采用物理实验与分子模拟相结合的方法展开相关研究。结合多种实验分析手段构建三种变质程度不同的煤分子结构模型，并与实验数据对比以验证模型的正确性。随后基于构建的煤分子模型构建相对应的孔隙结构模型，分析不同孔径及不同类型孔隙中的气体赋存及流动特性。最终结合理论分析揭示煤体孔隙中气体赋存及流动机理，为实际生产中提高煤体孔隙甲烷采收率提供理论指导。具体的研究技术路线如图 1－8 所示。

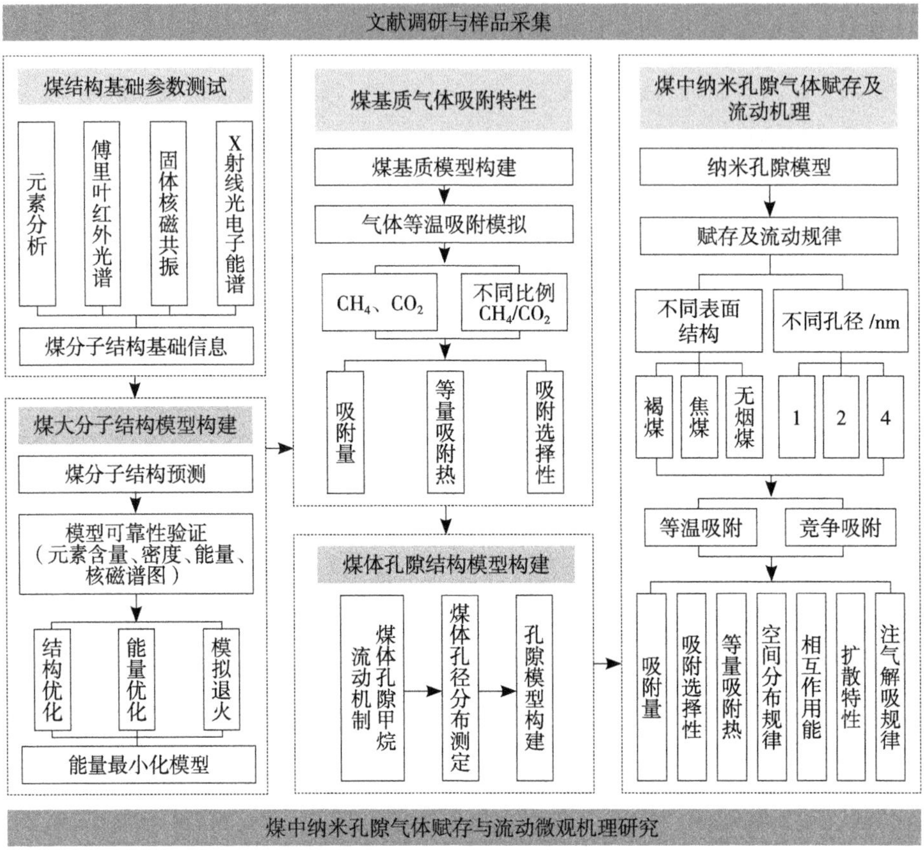

图 1－8　技术路线图

第 2 章　煤基础参数测试及研究方法

2.1　煤样基础信息

本书研究的主要目的为分析煤体纳米孔隙瓦斯赋存及流动机理，因此，分别选取了三种变质程度不同的煤样进行大分子模型的构建。分别为取自河南赵固煤矿的无烟煤样品、山西西山煤矿的焦煤样品及山西大同塔山煤矿的褐煤样品，为方便后续表述，将三种煤样分别标记为 WYM、JM、HM。采集的样品均为新鲜煤样，经井下采出后立即装入密封罐中防止被氧化，带回实验室后按照实验目的及仪器分析要求将煤样研磨为不同粒径的粉末并及时密封保存用于相关测试。

依据《煤的元素分析》(GB/T 31391—2015)中的相关测试要求对煤样中 C、H、O、N、S 的百分含量进行分析，所使用的仪器为德国 EA 公司生产的 Elementar Varia EL 型元素分析仪，每个样品均进行三次测试后取平均值。元素分析结果及煤中不同原子间的比例关系如表 2－1 所示。依据《煤的工业分析方法》(GB/T 212—2008)，使用煤质工业分析仪对煤中的水分、灰分、挥发分及固定碳数据进行测定；依据《煤的镜质体反射率显微镜测定方法》(GB/T 6948—2008)，使用显微分光光度计对煤样的镜质组反射率进行测试，测定结果如表 2－2 所示。

表 2－1　煤样元素分析结果

	元素含量/%					原子比			
	C	H	O	N	S	H/C	O/C	N/C	S/C
WYM	84.25	1.93	12.01	1.27	0.54	0.274 9	0.106 9	0.012 9	0.002 4
JM	79.49	4.60	14.08	1.48	0.35	0.694 4	0.132 8	0.015 9	0.001 7
HM	76.53	4.37	17.89	0.99	0.22	0.685 2	0.175 3	0.011 1	0.001 0

表 2-2　煤样工业分析结果

	水分 M_{ad}/%	灰分 A_{ad}/%	挥发分 V_{ad}/%	固定碳 FC_{ad}/%	镜质组反射率 $R_{o,max}$/%
WYM	1.97	7.04	8.51	82.48	3.21
JM	0.87	11.21	27.02	60.90	1.49
HM	8.11	3.91	40.31	47.67	0.68

从表 2-1 及表 2-2 的数据中可以看出，赵固煤矿无烟煤对应的碳含量及固定碳含量均为最高，分别为 84.25%及 82.48%，其余两种煤样的碳含量均低于 80%，同时，西山煤矿焦煤及塔山煤矿褐煤的挥发分含量均较高，分别为 27.02%及 40.31%。三种煤样的氧含量差异不大，变化范围在 12%～18%之间，表明上述三种煤样的大分子结构以芳环结构为主，含氧官能团的数量较少。在三种煤样的元素分析结果中发现氮及硫所占的比例均低于 2%且硫元素所占比例小于 1%，因此，在大分子模型构建中仅对氮原子的赋存状态进行分析，不考虑硫的影响。

2.2　实验测试方法

煤样基础参数的测试主要目的为获得煤中官能团的构成及含量、元素的存在形式及芳碳的主要存在形式。通过核磁共振波谱的分析可以进一步明确煤大分子结构中不同类型碳的数量，包含萘、蒽、苯及部分吡啶、吡咯等结构的百分含量并初步估算不同碳结构的数量。得到碳的主要骨架后需要依托红外光谱分析确定不同类型官能团的数量，从而进一步确定碳结构之间的连接方式。关于煤大分子结构中氮、硫的存在形式可以通过 X 射线光电子能谱测试得到，基于不同元素的峰值强度对应分峰拟合可以得到每种元素不同结构类型所占的百分比。通过对上述参数的综合分析可以得到煤大分子构建所需的基础参数。

2.2.1　傅里叶变换红外光谱测试

傅里叶变换红外光谱测试(FTIR，Fourier Transform Infrared Spectroscopy)，采用德国布鲁克公司生产的 EQUINOX55 型光谱仪进行煤中官能团分析。实验前将煤样研磨至 200 网目以下，按照 1∶100 的比例与 KBr 混合并充分研磨，研磨完成后以 10 MPa 压片 1 min，得到的样品用于后续测试，扫描的范围为 400～4 000 cm^{-1}，扫描步距为 4 cm^{-1}，扫描次数为 64 次。通过实验得到的数据首先经过系统自带软件 OPUS 进行初步处理，随后将得到的数据导入 Peakfit v4.12 进行分峰拟合，拟合得到对应的峰面积并计算百分含量。

傅里叶红外光谱主要基于物质内部振动信息确定物质结构信息，由于不同煤样对应的特征峰存在差异，基于已有研究成果，本书对煤中主要吸收峰的归属情况做了进一步归纳分析，分析结果如表 2－3 所示。实验中整个红外光谱被划分为四个不同的区域：芳香官能团结构(700～900 cm^{-1})、含氧官能团结构(1 000～1 800 cm^{-1})、脂肪官能团结构(2 700～3 000 cm^{-1})及羟基结构(3 000～3 600 cm^{-1})。

表 2－3 煤的红外光谱主要吸收峰归属[88,92,95]

波数/cm^{-1}	归属
3 419～3 359	—OH 的伸缩振动
3 300	氢键缔合的—OH，—NH，酚类
3 030	芳香环 CH 伸缩振动
2 975～2 955	脂链上的—CH_3 不对称振动
2 940～2 950	芳香环 CH_3 伸缩振动
2 925～2 919	脂链或脂环中 CH_2 不对称伸缩振动
2 900	脂链或脂环中 CH 伸缩振动
2 863	脂链或脂环中 CH_2 对称伸缩振动
2 848	CH_2 伸缩振动
2 820～2 720	醛基中 C—H 伸缩振动
1 745～1 730	脂肪 C═O 伸缩振动
1 721～1 695	芳香C═O 伸缩振动
1 615～1 585	芳香环C═C 伸缩振动
1 500～1 450	C—C 伸缩振动
1 460～1 450	脂链中—CH_3 及—CH_2 伸缩振动
1 380	脂链中 CH_3 及 CH_2 的变形振动
1 300～1 100	酚、醇、醚、脂的 C—O 伸缩振动
880～860	芳烃上同一芳核上氢原子面外变形振动
850～800	对位双取代苯
800～780	间位双取代苯
750～740	邻位双取代苯
730～720	长链饱和烷烃$(CH_2)_n$，$n \geqslant 4$

表2-3(续)

波数/cm^{-1}	归属
700～690	单取代苯
680～670	无取代苯

2.2.2 ^{13}C - NMR 固体核磁共振测试

高分辨率固体核磁作为表征煤中不同类型碳及芳环数量的有效手段,能够在不破坏煤结构的前提下得到相关信息。本书通过分峰拟合的方法对实验图谱进行处理,以峰面积作为主要评价指标确定煤中芳环的相关信息。实验条件设置如下:Bruker AVANCE Ⅲ HD 600 MHz 固体核磁共振波谱仪,H/X 双共振固体探头 4 mm ZrO_2 转子,转速 5 kHz,^{13}C 的检测共振频率 100.625 MHz,采样时间 5.12 μs,谱宽 50 kHz,循环延时时间 6.5 μs。

关于煤中芳香结构的表征,国内外研究学者已进行了大量研究并对不同类型碳的化学位移参数进行了总结分析,根据煤的官能团分布情况可以将整个碳谱划分为四个部分[93,148-149]:第一部分(0～60 ppm,1 ppm=10^{-6}),脂碳结构;第二部分(60～90 ppm),醚氧结构;第三部分(90～165 ppm),芳碳结构;第四部分(200 ppm 左右),羰基结构。关于^{13}C - NMR 中不同类型碳对应的化学位移如表 2-4 所示。

表 2-4 ^{13}C - NMR 中不同类型碳对应的化学位移归属[93,148-152]

化学位移/ppm	归属	结构参数	化学位移/ppm	归属	结构参数
16	脂甲基	f_{al}^{*}	75～90	环内氧接脂碳	f_{al}^{O}
20	芳甲基		100～129	质子化芳碳	f_{a}^{H}
23	和脂甲基相连的亚甲基		129～137	桥接芳碳	f_{a}^{B}
33	亚甲基	f_{al}^{H}	137～148	侧支芳碳	f_{a}^{S}
36～50	季碳、次甲基碳		148～165	氧取代芳碳	f_{a}^{O}
50～60	甲氧基及氧接亚甲基碳	f_{al}^{O}	165～190	羧基碳	f_{a}^{C}
60～70	氧接次甲基碳		190～220	羰基碳	

注:结构参数的单位为%;$f_a=f'_a+f_a^C$;f_a——芳碳率;f_{al}——脂碳率;f'_a——芳环中的 SP^2 杂化碳;f_a^C——与羰基相连的芳碳;f_{al}^{*}——脂甲基碳和芳甲基碳;f_{al}^{H}——亚甲基、次甲基及季碳;f_{al}^{O}——与 O 连接的脂碳;f_a^H——质子化芳碳;f_a^B——桥键连接的芳碳;f_a^S——侧链及支链芳碳;f_a^O——与 O 连接的芳碳;f_a^N——非质子化芳碳;f_a^P——氧取代芳碳;f_{al}^{H}——亚甲基、次甲基碳;f_{al}^{O}——与氧连接的脂肪碳。其中:$f_a+f_{al}=100\%$;$f_a=f'_a+f_a^C$;$f'_a=f_a^H+f_a^N$;$f_a^N=f_a^P+f_a^S+f_a^B$;$f_{al}=f_{al}^H+f_{al}^{*}+f_{al}^{O}$。

2.2.3　X射线光电子能谱测试

XPS测试技术的主要原理为利用特征能量的光子辐照固体样品的表面，从而通过测量样品表面射出的电子动能判断固体样品中的元素组成以及对应的化学状态、相对含量等信息。XPS测试技术具有不损坏样品结构且测量元素种类丰富等优点。本书中XPS测试所用的设备为Thermo Fisher Nexsa，实验中相关参数的设置如下：真空度为8×10^{-10} Pa；选择激发源为AI K alph源；管电压为15 kV；电流为10 mA；步长为1 eV。根据XPS测试技术得到的相关数据，分别对C、N、S的测试曲线进行分峰拟合，通过拟合后得到的相关峰面积百分比进一步确定煤大分子中C、N、S的主要存在形式。

2.3　分子模拟理论基础

分子模拟以微观小分子或原子为研究对象，基于分子力学相关理论对分子间的相互作用及体系能量变化进行分析研究，随后将得到的结果利用统计力学方法进行分析，与实验数据相对比以确定模拟数据的准确性并得出相关微观机理。由于现在大多数实验较难达到某些极端条件且实验表征的现象整体较为宏观，对于复杂大分子反应机理很难通过实验确定[153]。因此，需要通过模拟的方法解决目前实验不能解决的问题。一方面，本书的主要研究内容为煤体孔隙甲烷的吸附特性，模拟中涉及的温度及压力点较多，通过实验进行研究时需要耗费较长时间，因此，通过分子模拟可以有效节约时间。另一方面，实验研究中无法得到煤体纳米孔隙中的甲烷流动规律，只有依靠分子模拟才能实现微孔的构建并分析相关气体流动性质，基于此，分子模拟具有诸多方面的优势，可以通过微观现象预测宏观机理从而为后期的工程应用奠定理论基础。

2.3.1　常规分子模拟方法简介

由于实验尺度的限制，关于分子层面上的气体吸附机理很难得到充分的分析，因此，目前关于煤体微孔中气体吸附机理的研究大都通过分子模拟的方法实现[154]。分子模拟具有诸多方面的优点，首先，分子模拟计算速度较快，节省实验时间，同时，关于孔径尺度下密度分布情况及热力学相关规律（包含熵、自由能等热力学参数）都可以通过分子模拟计算得到[155-157]。Material Studio作为一种基础的分子模拟计算平台，该软件在医学、食品、石油化工等领域均有相关应用。现阶段常用的分子模拟方法包含从头算法、半经验法、密度泛函计算方法、分子力学、分子动力学及蒙特卡罗方法等。在本书中主要基于分子力学、分子动力学及蒙特卡罗方法完成相关吸附特性的计算[158]。

关于分子动力学方法，假设分子间是由弹簧连接的两个硬球组成，不同类型的原子其对应的价键参数与 Hook 系数都是存在较大差异的，根据上述参数的不同，便可以计算得到分子由稳定状态变为不稳定状态的能量。这种计算方式主要基于静态结构进行计算，可以获得某一类型分子处于较为稳定结构状态下的几何构型。在进行相互作用分析的过程中则需要涉及分子动力学的计算。假设一个体系中含有 N 个分子或原子，则系统的能量为系统中分子的动能与总势能之和。一般情况下，势能包含分子内与分子间的势能，属于非键相互作用，其计算方式如式(2-1)所示：

$$U=U_{\mathrm{vdW}}+U_{\mathrm{int}} \tag{2-1}$$

式中 U——系统总势能；

U_{vdW}——原子间范德瓦尔斯能(非键相互作用)；

U_{int}——分子内势能。

其中，U_{vdW} 为分子中各个原子间非键相互作用能的加成。

根据经典力学理论，系统中任何一个原子 i 所受的力为势能的梯度：

$$\boldsymbol{F}_i=-\nabla_i U=-\left(\boldsymbol{i}\frac{\partial}{\partial x_i}+\boldsymbol{j}\frac{\partial}{\partial y_i}+\boldsymbol{k}\frac{\partial}{\partial z_i}\right)U \tag{2-2}$$

基于式(2-2)并结合牛顿运动定律可以得到原子 i 对应的加速度，计算过程如式(2-3)所示：

$$\boldsymbol{a}_i=\frac{\boldsymbol{F}_i}{m_i} \tag{2-3}$$

将牛顿运动定律对时间进行积分即可预测出 i 原子经过 t 时间后的速度与位置，计算过程如式(2-4)所示：

$$\begin{aligned}&\frac{\mathrm{d}^2}{\mathrm{d}t^2}\boldsymbol{r}_i=\frac{\mathrm{d}}{\mathrm{d}t}\boldsymbol{v}_i=\boldsymbol{a}_i\\&\boldsymbol{v}_i=\boldsymbol{v}_i^0+\boldsymbol{a}_i t\\&\boldsymbol{r}_i=\boldsymbol{r}_i^0+\boldsymbol{v}_i^0 t+\frac{1}{2}\boldsymbol{a}_i t^2\end{aligned} \tag{2-4}$$

式中 $\boldsymbol{r}$ 及 $\boldsymbol{v}$——所研究粒子的位置，上标“0”代表粒子的初始值。

综上，分子动力学的计算方法即牛顿运动定律。首先，基于系统中各粒子的位置计算系统的势能，随后，依据式(2-2)和式(2-3)计算中各粒子所受的力及加速度值。在式(2-4)中将 t 表示为 $t=\delta t$，代表短时间的时间间隔，最终计算得到指定短时间后的粒子位置及速度。将上述步骤进行循环往复地计算可以得到不同时间点所对应的分子运动位置、速度及加速度等相关数据。将分子不同时间段的位置进行整合即可获得其对应的运动轨迹。

蒙特卡罗算法是一种随机的计算方法，主要针对大量的统计数据进行系统随机抽样，通过分子动力学计算得到随机数，根据指定的判断规则确定对于目前的构型是接受还是拒绝，在计算过程中选择的随机点数据越多，对应的数据分析也将更为准确，同时越接近实际情况。蒙特卡罗算法的具体计算方法为：首先选定要分析的分子结构，随后产生一个随机坐标值，将该坐标值位置处的分子结构能量与原分子结构能量相对比，确定是否选择这一随机构型，经过多次的计算及筛选，最终选定符合能量要求的分子构型即低于设定能量值的构型。在本书中主要针对小分子在煤基质中的吸附差异进行研究，因此，需要采用蒙特卡罗方法进行计算。

假定抽中 X 结构的概率为 P_{X}，由 X 结构转换成 Y 结构的概率为 P_{XY}，则由 X 结构转换为 Y 结构且满足能量要求的概率为 $P_{\mathrm{X}}P_{\mathrm{XY}}$，同样，当结构是由 Y 转换为 X 时，其结构能够满足能量要求的概率为 $P_{\mathrm{Y}}P_{\mathrm{YX}}$。在体系达到平衡状态的过程中，X 结构能够被接受的移动次数及移动步数等于 Y 结构转换为 X 结构可以被接受的移动次数，即式(2-5)：

$$P_{\mathrm{X}}P_{\mathrm{XY}}=P_{\mathrm{Y}}P_{\mathrm{YX}} \tag{2-5}$$

在进行蒙特卡罗计算时，X 结构转换为 Y 结构需要完成两个步骤，在初始阶段，X 结构首先通过尝试向 Y 结构转换，这一过程中转换成功的概率为 a_{XY}，在完成第一阶段的尝试后需要通过一些指定的规则评判该结构是否符合能量要求，其中，接受该结构的概率为 b_{XY}，若不接受需要保留原始 X 结构的概率为 $1-b_{\mathrm{XY}}$。基于此，X 结构向 Y 结构转换成功的概率为式(2-6)：

$$P=\min\left[1,\frac{a_{\mathrm{YX}}}{b_{\mathrm{XY}}}\frac{P_{\mathrm{Y}}}{P_{\mathrm{X}}}\right] \tag{2-6}$$

在蒙特卡罗计算中，若在第一阶段的尝试不存在问题，即当 $a_{\mathrm{XY}}=a_{\mathrm{YX}}$ 时，因此，结构符合能量要求的概率变为式(2-7)：

$$P'=\min\left[1,\frac{P_{\mathrm{Y}}}{P_{\mathrm{X}}}\right] \tag{2-7}$$

在新结构的衡量过程中若转换得到概率更高的结构，则选择接受新结构；

反之，当转换后的结构概率较低则选择放弃该构型并再次进行最低能量结构的筛选。

2.3.2 分子模拟基础理论

2.3.2.1 力场

在分子模拟过程中为准确实现分子相关性质的计算需要首先选择符合计算要求的力场参数。力场可以准确描述某一种类型分子的势能面，可以通过相关计算将分子的能量转换为各原子的坐标函数。一般来说，分子力场的相关函数来自经验公式，很多计算过程中忽略了原子周边电子的运动，但其整体运动情况仍然符合计算要求且可满足精度要求。不同力场的经验表达式一般存在较大的差异，但关于系统总能量的计算是一致的，如式(2-8)所示。

$$E_{\text{total}} = E_{\text{valence}} + E_{\text{crossterm}} + E_{\text{non-bond}} \tag{2-8}$$

式中 E_{total}——体系总能量；

E_{valence}——键合能；

$E_{\text{crossterm}}$——共价交叉项；

$E_{\text{non-bond}}$——非键能。

其中键合能 E_{valence} 的计算方法如式(2-9)所示：

$$E_{\text{valence}} = E_{\text{bond}} + E_{\text{angle}} + E_{\text{torsion}} + E_{\text{oop}} + E_{\text{UB}} \tag{2-9}$$

式中 E_{bond}——键伸缩能；

E_{angle}——键弯曲能；

E_{torsion}——二面角扭转能；

E_{oop}——离平面相互作用能；

E_{UB}——Urey-Bradley 项。

非键能 $E_{\text{non-bond}}$ 的计算方法如式(2-10)所示：

$$E_{\text{non-bond}} = E_{\text{vdW}} + E_{\text{ele}} + E_{\text{hbond}} \tag{2-10}$$

式中 E_{vdW}——范德瓦尔斯相互作用能；

E_{ele}——静电能相互作用能；

E_{hbond}——氢键相互作用能。

COMPASS Ⅱ力场(凝聚态优化分子势力场)代表了力场方法的技术突破，作为从头算力场，能够对多种类型的分子和聚合物进行气相性质及凝聚态性质进行准确预测。COMPASS Ⅱ力场在共价分子中具有广泛的覆盖范围，包括大多数常见的有机分子、无机分子和聚合物。对于这些分子体系，力场被参数化来预测分子在孤立相和凝聚相中的分子结构、振动频率、构象能、偶极矩、液体结构、晶体结构、状态方程和内聚能密度等性质。同时，COMPASS Ⅱ力场能够预测各种固态性质，包含单胞结构、晶格能量、弹性常数和振动频率。基于此，鉴于COMPASS Ⅱ力场的诸多优势及适用范围，大量研究学者已证明该力场可以用于准确预测小分子物质(CH_4、CO_2、N_2及H_2O等)在煤、页岩等大分子中的吸附及扩散性质[159-162]，本书在对煤体吸附特性的计算过程中选择的力场均为COMPASS Ⅱ力场。关于COMPASS Ⅱ力场的函数表达式如式(2-11)所示。

$$
\begin{aligned}
E_{\mathrm{pot}} = & \sum_{b}\left[K_2(b-b_0)^2+K_3(b-b_0)^3+K_4(b-b_0)^4\right]+ \\
& \sum_{\theta}\left[H_2(\theta-\theta_0)^2+H_3(\theta-\theta_0)^3+H_4(\theta-\theta_0)^4\right]+ \\
& \sum_{\phi}\left[V_1(1-\cos\phi)+V_2(1-\cos 2\phi)+V_3(1-\cos 3\phi)\right]+\sum_{x}K_x x^2+ \\
& \sum_{b}\sum_{b'}F_{bb'}(b-b_0)(b'-b'_0)+\sum_{\theta}\sum_{\theta b}F_{\theta\theta'}(\theta-\theta_0)(\theta'-\theta'_0)+ \\
& \sum_{b}\sum_{\theta}(b-b_0)(V_1\cos\phi+V_2\cos 2\phi+V_3\cos 3\phi)+ \\
& \sum_{b'}\sum_{\phi}(b'-b'_0)(V_1\cos\phi+V_2\cos 2\phi+V_3\cos 3\phi)+ \\
& \sum_{\phi}\sum_{\theta}\sum_{\theta'}K_{\phi\theta\theta'}\cos\phi(\theta-\theta_0)(\theta'-\theta'_0)+\sum_{i>j}\frac{q_i q_j}{\varepsilon r_{ij}}+\sum_{i>j}\left[\frac{A_{ij}}{r_{ij}^9}-\frac{B_{ij}}{r_{ij}^6}\right]
\end{aligned}
\tag{2-11}
$$

式中　b——键长；

θ——键角；

ϕ——旋转、扭转角；

x——离开平面的高度或角度；

r_{ij}——两个原子之间的相对距离。

其余各项参数均为常数或势常数。

2.3.2.2　能量最小化

在分子动力学中，优化的主要目的为实现体系能量的最小化即找到势能的最低点，从而得到更加稳定的分子结构。在能量最小化的过程中，首先需要依据模型的基本性质确定其适用的力场，计算对应的系统能量并求出能量对应位移的一阶及二阶导数，将得到的结果与初始设定值进行对比评判其是否满足能量要求,若满足能量优化条件即表示结构优化成功,若不满足则需要再次进行结构优化获得新的构型并计算能量,重复上述计算直至得到最低能量构型。目前关于几何优化的标准算法包括最速下降法、共轭梯度法及牛顿-拉弗森法。

(1) 最速下降法

最速下降法主要原理为沿着势能降低的方向线性搜索能量最低构型,这种计算方式的效率较低。出现低效率的原因主要为,当结构能量值接近最低能量值时,每次计算都会转向较早的迭代时间,同时,每一次的计算都需要与上一次的计算为正交关系,导致计算路径不断振荡且在最小值附近的收敛速度较慢从而延长整体计算时间。因此,最速下降法一般用于能量梯度较大且最优构型相差较大的情况,在分子模拟中主要用于初始阶段的能量优化即预处理步骤。

(2) 共轭梯度法

最速下降法在最低能量构型范围内的收敛较慢且容易出现震荡,常会导致结构被过度修正而出现错误。而共轭梯度法可以有效避免上述情况的出现,可以在能量收敛的过程中产生共轭基组,防止出现重复路径的计算,从而保证优化可以持续向能量最小的方向进行。

(3) 牛顿-拉弗森法

在对 N 个变量进行能量计算时需要有 N^2 个数据点,而能量最小化即为实现 N 步内的收敛。因此,可以利用二阶导数构建出矩阵,通过矩阵定义每个梯度方向上的曲率,将矩阵的逆与梯度相乘即可以得到最接近能量最小值的向量。这一计算方式相较于一阶导数更加复杂,计算量较大,因此,牛顿-拉弗森法一般适用于较小体系的计算。

基于此,为保证计算结果的准确性并节省计算时间,本书在研究过程中选用 Smart 方法作为能量最小化的计算方法,首先通过最速下降法找到势能降低的方向即优化的方向,随后利用共轭梯度法或牛顿-拉弗森法对体系进一步优化以得到能量最低点。

2.3.2.3 理想吸附溶液理论

在分子模拟过程中对单组分气体的吸附特性进行研究时可以得到较为精确的计算结果。然而,实际生产过程中存在大量的多组分气体吸附情况,包括气体驱替置换、CO_2 封存、气体净化等领域。基于此,为较为准确分析多组分体在大分子中的吸附情况需要引入更为准确的计算方式。Myers 和 Prausnintz 于 1965 年提出理想吸附溶液理论(IAST),这一方法由于其可通过单组分气体等温吸附曲线预测多组分气体吸附等温曲线的优点被广泛用于吸附特性的研究中心。该理论认为，混合气体中各组分的状态均为理想状态且在吸附过程可接触的吸附表面区域是相同的，吸附的过程中不考虑其热力学性质的变化。

假设含有 N 种成分的混合气体在压力等于 p_{T} 时达到吸附平衡，x_i 为混合气体中某一气体组分处于吸附态时所占的比例，y_i 为该气体处于游离态时所占的体积分数，i 代表不同类型的气体组分。首先，可以先初步计算不同组分气体在压力为 p 时对应的吸附量 $n_i^0(p)$。 利用 $n_i^0(p)$ 预测混合组分中各组分的吸附量 $n_i=n_i(p_{\mathrm{T}},\{y_i\})$，在假定温度不变时，单组分气体的等温吸附测定结果应当与混合气体的等温吸附结果一致，此时，对应压力点下单组分气体扩散压力与混合组分中的扩散压力相等，如式(2－12)所示：

$$\pi=\pi_1(p_1^0)=\pi_2(p_2^0)=\cdots=\pi_N(p_N^0) \tag{2-12}$$

关于气体 i 的扩散压力计算如式(2－13)所示，式中 S 代表吸附剂表面积：

$$\pi_i(p_i^0)=\frac{RT}{S}\int_0^{p_i^0}\frac{n_i^0(p)}{p}\mathrm{d}p \tag{2-13}$$

总吸附量计算方法如式(2－14)所示：

$$\frac{1}{n_{\mathrm{T}}}=\sum_{i=1}^{N}\frac{x_i}{n_i^0(p_i^0)} \tag{2-14}$$

混合气体中组分 i 的吸附量为 $n_i=x_i n_T$。 综上，在计算混合组分中某个组分的吸附量时，只要已知 $n_i^0(p)$、气体处于游离态时所占的体积分数 y_i 及总压力 p_{T} 即可完成相关计算。

2.3.3　GCMC 基本原理

(1) 系综

在一定宏观条件下，结构与性质相抵，各种运动状态、各自独立运动的系统称为系综。系综基于统计力学方法描述热力学系统的变化规律。统计物理系综由吉布斯提出，研究了大量系统构成的系综在相宇中的分布情况，这一理论包含以下两项基本假设[163]：

① 孤立系统中所有可及的微观量子力学状态出现的概率是相等的。

② 若系综体系的热力学状态及环境与实际体系完全相同时，当系综体系数目 $N\to\infty$ 时，体系力学量 M 的时间平均等于其对应的系综平均。

分子模拟过程中常用的系综包含：恒温恒压系综、正则系综、巨正则系综等，在实际计算过程中，应当综合考虑模拟所对应的物理背景，结合实际情况选择相对应的系综。关于较为常用的系综如下[163]：正则系综中，整个系统属于封闭的状态，存在恒定的热源，系统中粒子总数、体积、温度都保持不变；微正则系综中，系统处于绝热状态，与外界不存在能量与物质的交换，系统中的粒子数、体积、总能量保持恒定；等温等压系综中，系统中的总粒子数、压力、温度保持不变；巨正则系综中，体系属于开放体系，整个系统与大热源之间有能量交换，同时，体系中的大粒子源之间也存在粒子交换，体系中的化学势、体积、温度保持不变。当研究煤对气体的吸附作用时，一般是基于等温吸附条件进行研究，整个体系的温度、气体体积恒定且可吸附的气体量是充足的，因此，当利用分子模拟对等温吸附特性进行研究时常使用巨正则系综。

(2) GCMC 数学模型

基于巨正则系综对体系中的能量计算时可以依据化学势及温度来表示吸附剂内的平衡构成，当体系达到平衡时，吸附剂内外的温度与化学势相等，吸附剂与粒子源相互接触并以恒定的化学势及温度与气体相互接触。关于独立体系中的配分函数如式(2-15)所示：

$$\Xi=(\lambda q)^N \tag{2-15}$$

式中　q——粒子的配分函数。

$$\lambda=\exp(\mu/kT) \tag{2-16}$$

$$q=\sum_{i(S)}\exp(-\varepsilon_i/kT)=\sum_{i(e)}g_i\exp(-\varepsilon_i/kT) \tag{2-17}$$

式中　g_i——分子能级的简并度。

在蒙特卡罗模拟过程中，体系化学势固定，分子数变化，因此，当分子势能、体积、温度保持不变时，整个系综的平衡状态如式(2-18)所示：

$$\langle A\rangle_{\mu VT}=\frac{\sum_{N=0}^{\infty}(N!)^{-1}V^N Z^N\int \mathrm{d}rA(s)\exp[\beta U(s)]}{\Xi_{\mu VT}} \tag{2-18}$$

在格子模型的计算中，二元吸附构型可以由一系列的标记值决定，标记值为 $c_1,c_2,\cdots,c_n$，在格子的计算过程中，当 c 为 0 时则可以认为该格子中没有粒子，当 c 为 1 时则表示该格子被占据，因此，每一种构型出现的概率如式(2-19)所示：

$$P(N,c)=\frac{\exp[-\beta U_N(c)]\exp(\mu\sum_i c_i)}{\sum_c\exp[-\beta U_N(c)]\exp(\mu\sum_i c_i)} \tag{2-19}$$

在进行格子位置选择时，若格子位置被占据时尝试移动不被接受，如式(2-20)所示：

$$c_i\Rightarrow 1-c_i\,(0\Rightarrow 1\text{ 或 }1\Rightarrow 0) \tag{2-20}$$

令 $p_i = \exp[-\beta U_N(c)]\exp(\mu \sum_i c_i)$，将计算得到的数值与调整后构型的 p_i 值对比后可以得到尝试移动后被接受的概率如式(2－21)所示：

$$p = \frac{p_i}{p_i + p_j} \tag{2-21}$$

假设子体系中的分子为同一种类型，当分子在指定区域 V 内聚集时，分子间存在相互作用，而当分子处于 $V \sim V_0$ 区域内时，分子间不存在相互作用。此时，两个体系中共计 M 个分子可能存在的总配分函数如式(2－22)所示：

$$\Xi(M,V,V_0,T) = \sum_{N=0}^{M} \frac{V^N (V_0 - V)^{M-N}}{\Xi(M,V,V_0 - V,T)\Lambda^{3M} N!\ (M-N)!} \exp[-\beta U(s^N)] \tag{2-22}$$

当分子处于 $V \sim V_0$ 区域内时，对比格子(S^{M-N})中坐标变换情况，则有 $M-N$ 个分子；因此，在指定体积 V 中，对比格子中的坐标变换情况，则体系中在 N 个分子的概率密度如式(2－23)所示：

$$N(s^M,N) = \frac{V^N (V_0 - V)^{M-N}}{\Xi(M,V,V_0 - V,T)\Lambda^{3M} N!\ (M-N)!} \exp[-\beta U(s^N)] \tag{2-23}$$

在分子的移动过程中，处于自由态的分子由($V \sim V_0$ 区域)内运动至吸附态(V 区域)内，这一范围内具有相同的标度坐标。因此，此时转移矩阵(α)的马尔科夫链是对称状态，两个区域之间粒子的反向运动的概率是相等的。基于此，在计算体系 V 中添加或删除一个粒子时，结构可以被接受的概率如式(2－24)、式(2－25)所示：

添加粒子时：

$$\alpha(N \to N+1) = \frac{V(M-N)}{(V_0 - V)(N+1)} \exp\{-\beta[U(s^{N+1}) - U(s^N)]\} \tag{2-24}$$

删除粒子时：

$$\alpha(N \to N-1) = \frac{VN(M-N)}{(V_0 - V)(M-N)} \exp\{-\beta[U(s^{N-1}) - U(s^N)]\} \tag{2-25}$$

当 $M \to \infty, V_0 - V \to \infty$ 时，$M/(V_0 - V) \to \rho$，对应的化学势如式(2－26)所示：

$$\mu = k_B T \ln \Lambda^3 \rho \tag{2-26}$$

当 $M/N \to \infty$ 时，体系总巨配分函数如式(2－27)所示：

$$\Xi(\mu, V, T) = \sum_{N=0}^{\infty} \frac{\exp(\mu\beta N)V^N}{\Lambda^{3N} N!} \int \exp[-\beta U(s^N)] \mathrm{d}s^N \tag{2-27}$$

对应的概率密度如式(2－28)所示：

$$N_{\mu VT}(s^N, N) \propto \frac{\exp(\mu\beta N)V^N}{\Lambda^{3N} N!} \exp[-\beta U(s^N)] \tag{2-28}$$

综上，式(2－27)和式(2－28)为巨正则系综蒙特卡罗方法的基本数学模型，这两个公式可以基本确定粒子的添加或删除等相关尝试后的构型是否可以被接受[164-165]。

2.4 本章小结

本章通过多种测试方法对煤结构分析方法进行介绍，同时针对本书选用的分子模拟方法进行简要介绍，包含常用模拟方法、分子模拟的基础理论及 GCMC 方法基本原理。主要结论如下：

① 选取三种不同变质程度煤样，分别对其进行元素含量分析及工业分析，结果表明，三种煤样符合高、中、低阶煤标准。

② 为进一步明确三种不同变质程度煤样结构特征，分别选取傅里叶红外光谱测试、^{13}C－NMR 固体核磁共振测试及 X 射线光电子能谱测试，依靠三种测试手段对煤样的官能团、不同类型碳、芳环数量及元素对应化学形态进行分析表征，明确给出三种测试方法的具体参数设置。

③ 针对分子模拟技术研究现状对现阶段常见的分子模拟方法及理论进行介绍，特别是本书选用的 GCMC 方法，对其具体原理进行简要介绍，从而为后续研究的开展奠定理论基础。

第 3 章　煤结构分析及煤大分子模型构建

导致煤体吸附特性差异的因素有许多，除孔径及表面结构等因素，煤的化学组分也会对其吸附特性造成不同程度的影响。煤作为有机物和无机物共同构成的复杂物质，如何采用有效的手段对煤结构进行表征是目前研究学者关注的主要问题。现阶段，主要认为煤的基本构成是高分子化合物，主要包含 C、H、O、N、S 等元素。由于煤体变质程度差异，煤结构具有不均匀的特征，为易于对比分析，目前常通过定性分析的方法预测其相关结构模型，而在煤结构确定过程中涉及的物理化学参数则可通过实验进行测定。为此，本章通过元素分析、傅里叶红外光谱、固体核磁共振、X 射线光电子能谱对煤中的元素构成及存在形式进行分析，确定三种煤样中不同类型碳结构含量及化学基团构成，最终构建三种不同变质程度煤样的大分子结构模型。

3.1　赵固煤矿无烟煤结构分析及分子模型构建

3.1.1　傅里叶变换红外光谱分析

赵固煤矿无烟煤的红外光谱原始谱图如图 3－1 所示，根据分峰拟合规则，分别对赵固煤矿无烟煤对应的四个区域进行分峰拟合，结果如图 3－2 所示，拟合相关峰的归属如表 3－1 所示。

由拟合结果可知，整个芳香官能团区间内共存在 6 个吸收峰，根据各吸收峰强度及峰面积相对百分含量可以发现，赵固煤矿无烟煤中芳香官能团的主要存在形式为双取代苯、三取代苯及少量的五取代苯。在含氧官能团区域内共存在 10 个吸收峰，该区域内峰面积所占比例最大且吸收峰强度最大的为芳香 C═C 的伸缩振动，其次为醇、醚等中存在的 C—O 伸缩振动，这一现象表明，赵固煤矿无烟煤的芳构化程度较高，且与核磁共振的分析结果存在较高的一致性。

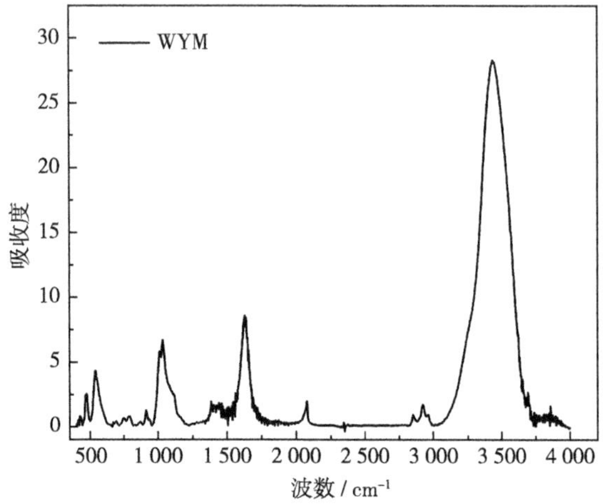

图 3-1　赵固煤矿无烟煤红外光谱图

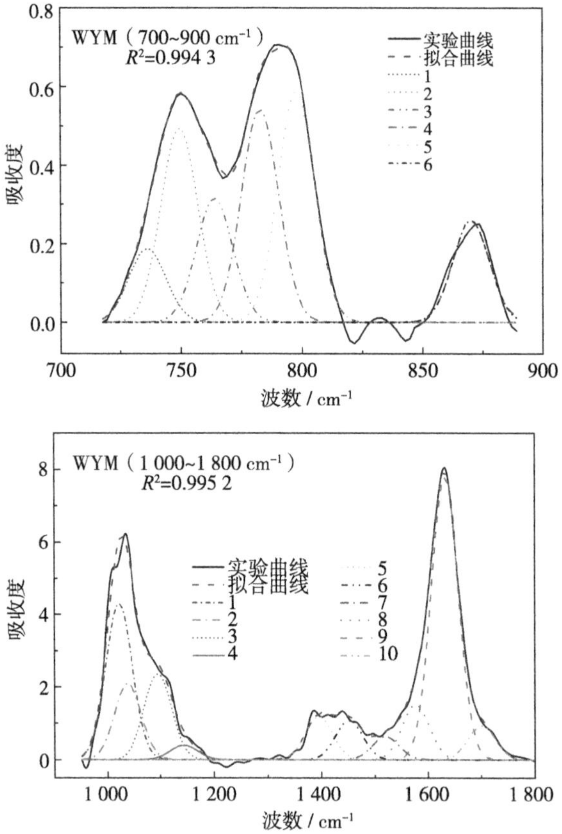

图 3-2　赵固煤矿无烟煤红外光谱分峰拟合

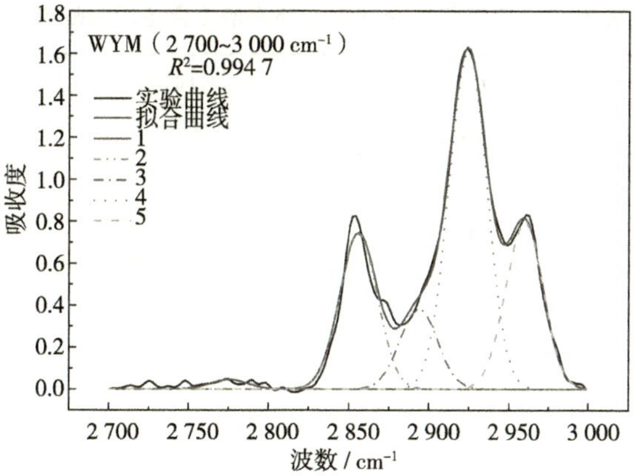

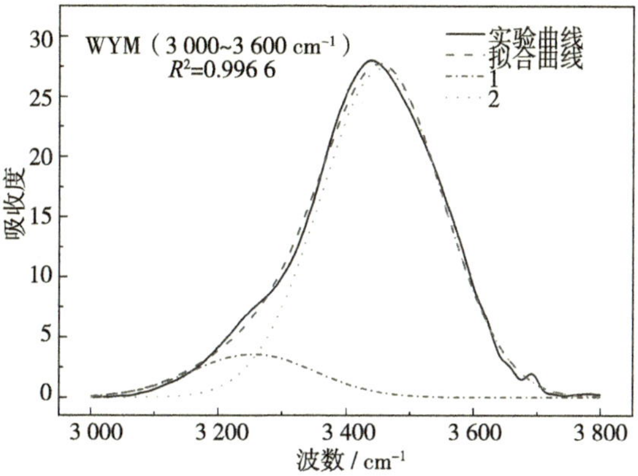

图 3-2　（续）

在脂肪官能团区间内共拟合得到 5 个吸收峰，其中所占比例较高的为脂链上的—CH_2 及—CH_3 的伸缩振动，虽然该区域典型吸收峰的峰面积占比较高，但在整个谱图中可以发现脂肪官能团区域的吸收峰强度较芳香官能团及羟基官能团都相对较低，因此，在进行煤大分子结构构建的过程中存在少量的脂肪结构，这也与核磁共振中脂碳率较低相保持一致。

关于赵固煤矿无烟煤中羟基区域的伸缩振动可以拟合得到两个特征峰且对应的峰面积及峰强度都较高，在该区域内—OH 伸缩振动吸收峰面积所占比例可达 88.56%，由此可见，煤中含有大量的—OH 结构，在构建大分子模型的过程中需要考虑这一因素的影响。

表 3-1 赵固煤矿无烟煤红外光谱拟合各吸收峰参数

波数/cm^{-1}	编号	峰位/cm^{-1}	面积	相对面积/%	归属
700～900	1	736.32	3.54	7.83	长链烷烃
	2	749.49	9.35	20.69	邻位双取代苯
	3	763.99	5.97	13.22	邻位双取代苯
	4	782.76	10.27	22.73	三取代苯
	5	797.66	11.14	24.65	间位双取代苯
	6	870.19	4.92	10.88	五取代苯
1 000～1 800	1	1 021.90	272.08	19.28	灰分
	2	1 038.18	132.91	9.42	灰分
	3	1 094.68	150.11	10.64	仲醇、醚的 C—O 振动
	4	1 142.89	24.71	1.75	羟基苯、醚的 C—O 伸缩振动
	5	1 395.02	74.53	5.27	CH_3对称弯曲振动
	6	1 451.45	68.07	4.82	CH_3、CH_2的变形振动
	7	1 520.29	40.18	2.85	芳香烃的C═C 振动
	8	1 577.24	95.51	6.77	芳香烃的C═C 振动
	9	1 631.84	494.02	35.01	芳香烃的C═C 振动
	10	1 700.97	59.09	4.19	不饱和羧酸C═O 伸缩振动
2 700～3 000	1	2 775.43	1.35	1.28	羧基
	2	2 855.90	21.94	20.79	对称 RCH_2
	3	2 893.62	11.26	10.66	RCH_3
	4	2 924.10	47.54	45.02	反对称 RCH_2
	5	2 959.68	23.50	22.25	反对称 RCH_3
3 000～3 600	1	3 225.39	852.62	11.44	环氢键
	2	3 454.79	6 598.53	88.56	—OH 伸缩振动

3.1.2 ^{13}C-NMR 固体核磁共振分析

通过对赵固煤矿无烟煤的核磁共振图谱拟合得到 7 个拟合峰的数据，各吸收峰的拟合度均在 0.99 以上，拟合效果良好，其中，各吸收峰对应的化学位移参数、峰面积占比及碳归属情况如表 3-2 所示。关于无烟煤有机大分子的碳骨架归属大致可分为三个群属，即 0～90 ppm 对应脂肪碳含量，90～165 ppm 对应芳香碳含量，165～240 ppm 对应羰基碳含量。

由图 3-3 及表 3-2 中的相关数据可知，无烟煤核磁共振波谱中吸收强度最大的峰位于 124.92 ppm 处，结合表 2-4 中化学位移归属分析表明，无烟煤分子结构中以质子化芳碳为主，其峰面积占比可达 56.49%，其次为非质子化碳、桥接芳碳，其峰面积占比为 13.73%，由此可知，无烟煤的主要结构为质子化芳碳。同时，次甲基碳、芳甲氧基、氧取代芳碳所占比例相近，基本为侧支芳碳的 50%左右。羰基碳、羧基碳及芳甲基等所占比例均小于 3%，表明无烟煤结构存在较少支链结构，整体缩聚程度较高。

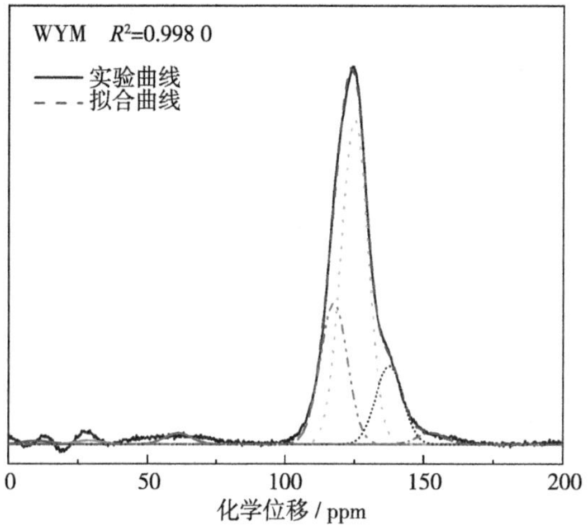

图 3-3　赵固煤矿无烟煤核磁共振图谱及分峰拟合情况

为较为准确地得到煤中碳结构的组成情况，需要根据表 3-2 中的相关拟合参数对碳结构信息进行表征，一般来说，表征碳结构的基本参数为 12 个，分别代表不同的碳结构形式，根据其峰面积占比可以得到对应的碳原子数量。关于各参数的计算结果如表 3-3 所示。为进一步确定芳香结构中芳香簇的尺寸，需要计算桥接芳碳与周碳的比值 X_{BP}，具体计算方式为 $X_{BP}=f_a^B/(f_a^H+f_a^P+f_a^S)$[93]，经计算，无烟煤的芳香桥碳与周碳之比为 0.14。

表 3-2　赵固煤矿无烟煤核磁共振曲线拟合结果

峰号	化学位移/ppm	相对面积/%	归属
1	10.13	0.59	终端甲基、脂甲基
2	29.08	0.66	亚甲基、次甲基、饱和环烃 CH_2
3	61.17	1.91	芳甲氧基、与氧相连的脂碳
4	117.47	24.61	质子化芳碳

表3-2(续)

峰号	化学位移/ppm	相对面积/%	归属
5	124.92	56.49	质子化芳碳
6	137.62	13.73	非质子化碳、桥接芳碳
7	152.60	2.01	烷氧基取代芳碳、甲氧基取代芳碳

表 3-3 赵固煤矿无烟煤中碳原子结构参数

	f_a	f_a^C	f_a'	f_a^N	f_a^H	f_a^P	f_a^S	f_a^B	f_{al}	f_{al}^*	f_{al}^H	f_{al}^O
WYM	96.83	0	96.83	15.73	81.10	2.01	13.73	13.73	3.17	0.59	0.67	1.91

3.1.3 X射线光电子能谱(XPS)分析

赵固煤矿无烟煤的XPS总能谱以及C1s、N1s、S2p能谱范围的分峰拟合曲线如图3-4和图3-5所示。如图3-5(a)所示,XPS能谱中C1s的分峰拟合共存在4个特征峰,在本书中为大致确定元素的主要存在形式,仅对相对百分含量大于10%的特征峰进行分析。

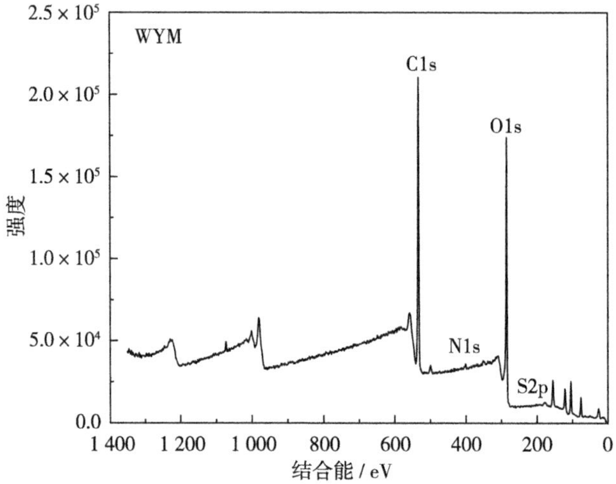

图 3-4 赵固煤矿无烟煤总能谱

关于C1s中存在两个显著的峰,分别为284.81 eV处的C═C及286.32 eV处的C—O;如图3-5(b)所示,在N1s中共存在4个特征峰,其中占比较高的为 398.55 eV 处对应的吡啶氮及 400.68 eV 处对应的吡咯氮，同时在 402.81 eV 处存在一定含量的氮氧化物。基于此，结合已有的研究经验，在赵固煤矿无烟煤大分子模型构建过程中，大分子结构中氮的主要存在形式为吡咯氮及吡啶氮。根据元素分析结果，赵固煤矿无烟煤大分子中硫元素百分含量小于 1%，因此，仅对硫元素的主要赋存形式进行简要分析，如图 3－5(c)所示，无烟煤中硫的主要存在形式为硫醇硫酚(27.8%)、噻吩硫(21.6%)、亚砜硫(25.8%)及砜型硫(24.8%)。

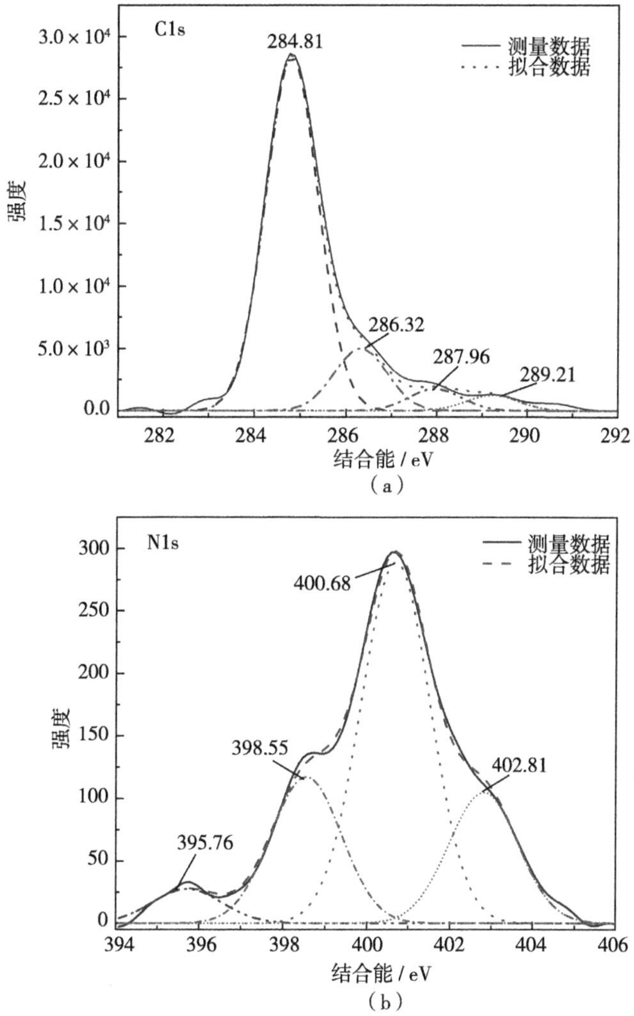

图 3－5　赵固煤矿无烟煤 C1s、N1s、S2p 拟合曲线

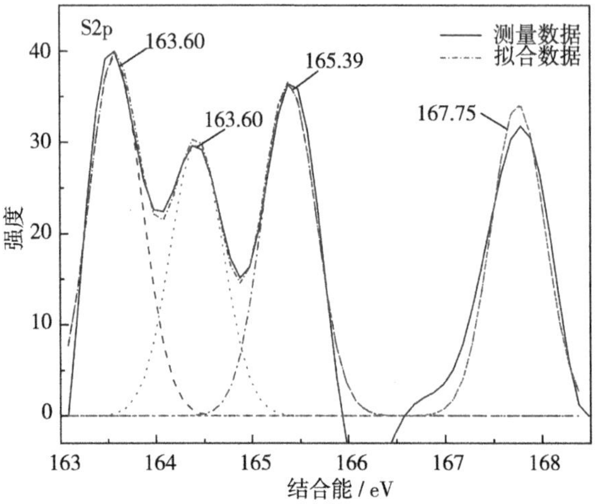

（c）

图 3-5 （续）

3.1.4 赵固煤矿无烟煤分子初始结构分析

在进行煤分子结构构造的过程中首先需要对无烟煤的分子式进行初步确定，随后依据^{13}C-NMR 及 FTIR 的结果对得到的分子式进行调整，同时进一步确定符合实际情况的无烟煤分子结构。根据 2.1 节中对无烟煤中元素含量的分析结果可以初步得到无烟煤的分子式，首先假设煤中碳原子的个数为 x，则煤的分子式可以表示为：$C_xH_{0.2749x}O_{0.1069x}N_{0.0129x}S_{0.0024x}$。已有研究中煤的相对分子质量在 2 000～3 000 之间[166]，因此可以根据式(3-1)对煤分子式进行初步估算：

$$M=12x+0.2749x+16\times0.1069x+14\times0.0129x+32\times0.0024x \tag{3-1}$$

式中，$2\,000<M<3\,000$；x 及 $0.2749x$，$0.1069x$，$0.0129x$，$0.0024x$ 均为整数。

经过计算后，取 $x=211$，因此无烟煤的分子式可以初步确定为 $C_{211}H_{58}O_{22}N_3$，$M=2\,984$。

根据^{13}C-NMR 中得到的相关参数可以计算出不同类型碳的个数，包含质子化芳碳 F_a^H、桥接芳碳 F_a^B、侧支芳碳 F_a^S、氧取代芳碳 F_a^P、芳环原子个数 F'_a、羰基碳 F_a^C、脂肪烃碳 F_{al}，具体计算结果如表 3-4 所示。

表 3－4　赵固煤矿无烟煤中不同类型碳原子数量

参数	F_a^H	F_a^B	F_a^S	F_a^P	F'_a	F_a^C	F_{al}
个数	171	29	29	4	204	0	7

根据元素分析的结构，无烟煤中碳含量为 84.25%，根据相建华等[125]已有的研究结果，当样品中的碳含量在 81%至 90%时，煤分子中的芳环平均个数为 2～4 个，因此，可初步确定赵固煤矿无烟煤大分子中对应芳香结构的芳环个数大致为 2～4 个。由于苯环桥碳与周碳比为 0，萘环为 0.25，计算得到无烟煤的桥接芳碳与周碳比为 0.14，因此，无烟煤的主要结构以苯环及萘环为主，可以通过调整不同芳香环的个数，从而确定所需的煤芳香结构。最终计算得到的芳环类型及对应的个数如表 3－5 所示。

根据已有研究结果，煤中脂肪碳的存在形式主要为支链及两个芳环之间的连接，根据 FTIR 的分析结果，煤中芳环的主要以邻位、间位双取代苯及三取代苯为主，四取代苯及无取代苯的数量较少。脂肪醚的主要存在形式为仲醇、醚的 C—O，其次为—CH_3 及—CH_2。根据元素分析结果，煤中杂原子为氧、硫及氮原子，前文中计算得到无烟煤分子中含有 3 个氮原子，因此氮的存在形式为吡啶氮及吡咯氮。

表 3－5　赵固煤矿无烟煤芳香结构类型及个数

结构类型	数量	结构类型	数量
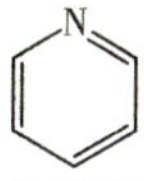	1		11
	2	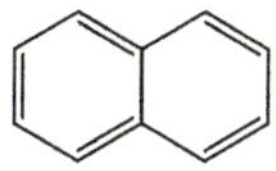	13

通过对无烟煤中芳香结构、脂肪结构、杂原子官能团的定性及定量分析，可以初步得到无烟煤分子的结构，其中计算修正后的芳环中碳的总个数为 209，关于初始模型的构建通过 ChemDraw 15 进行绘制。由于初始绘制的分子模型不带电荷，因此，需要通过 Material Studio 8.0 对煤分子中各原子进行电荷分配。基于已有的模拟经验，对于煤进行优化的力场通常选用 COMPASS Ⅱ 力场，对于体系电荷的分配采用 QEq 的方法，从而能够确保整个体系呈电中性。完成初始电荷分配后，需要对得到的结构进行优化，结构优化完成后再进行能量优化，从而保证整个构型的稳定状态。通过 ChemDraw 15 绘制的赵固煤矿无烟

煤结构模型如图 3－6 所示。

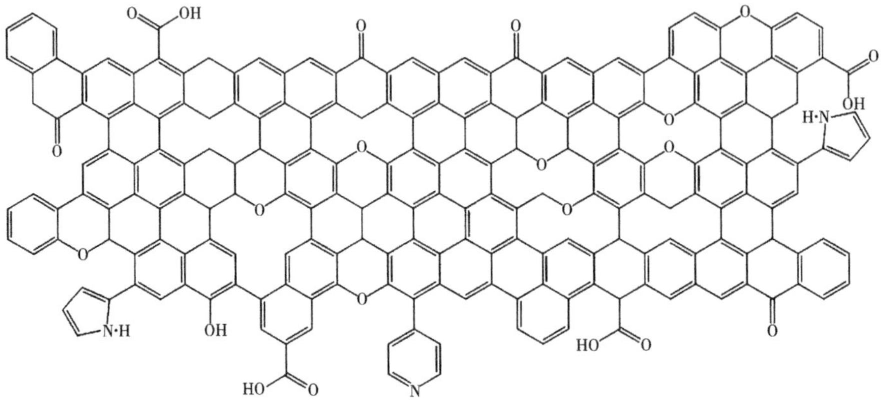

图 3－6　赵固煤矿无烟煤大分子结构模型

3.2　西山煤矿焦煤结构分析及分子模型构建

3.2.1　傅里叶变换红外光谱分析

西山煤矿焦煤的红外光谱图及不同区域的拟合图如图 3－7 及图 3－8 所示，拟合相关峰的归属如表 3－6 所示。

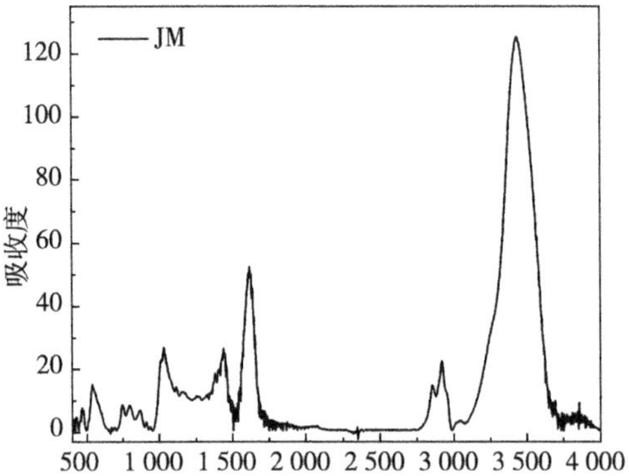

图 3－7　西山煤矿焦煤红外光谱图

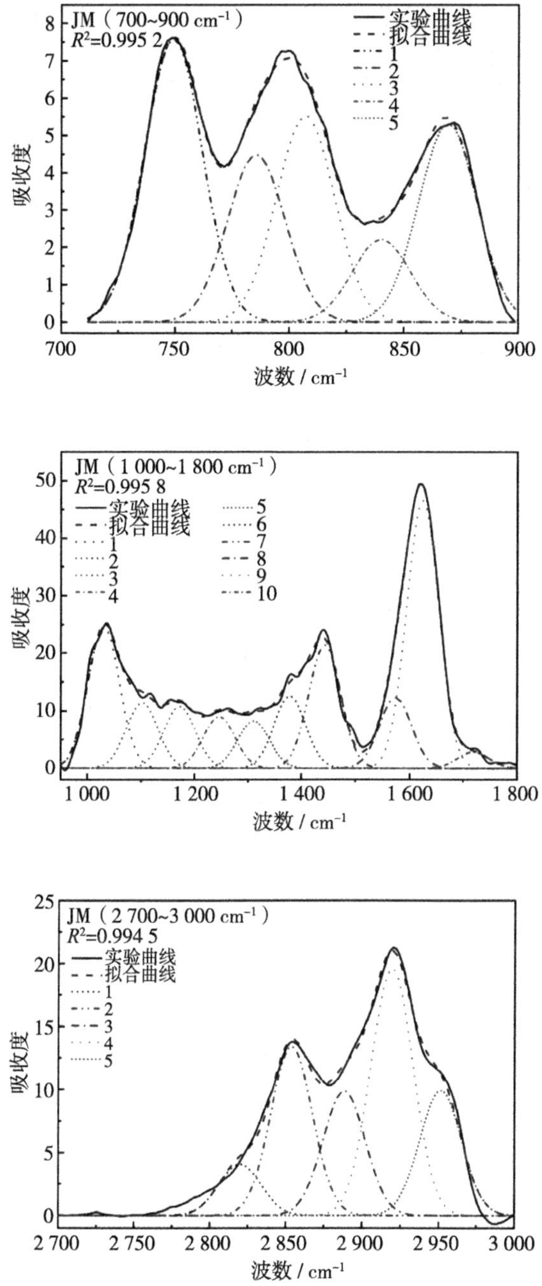

图 3-8　西山煤矿焦煤红外光谱分峰拟合

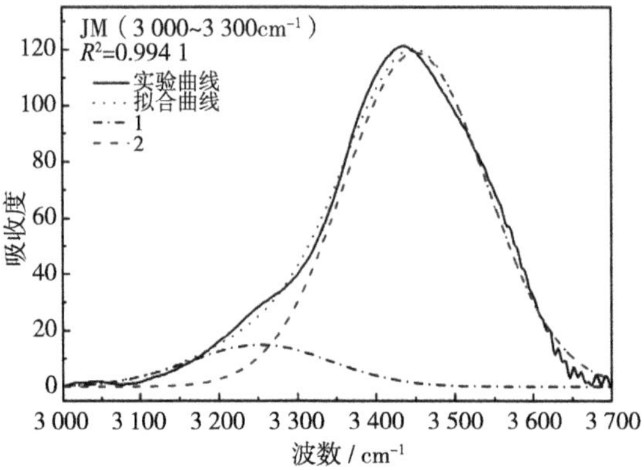

图 3-8 （续）

关于芳香官能团的拟合共得到 5 个特征峰，与赵固煤矿无烟煤的芳香官能团构成相比，焦煤中芳香官能团中主要以双取代苯为主，含有少量的较为复杂的三取代苯，不含五取代苯结构。由此可知，焦煤的芳构化程度较低，这也与核磁共振中的结果保持一致，对应的芳香度为 85.22。同时，在对焦煤的桥碳比计算后发现，由于其桥碳比小于 0.1，因此根据相关研究经验，焦煤大分子结构中主要为苯环的结构，而较为复杂的萘及蒽等结构存在的比例极低或不存在。在含氧官能团的拟合过程中共存在 10 个吸收峰，同样的，该区域内占比最高的结构仍为芳香 C═C，通过半定量的比较后发现，焦煤中的芳碳结构含量相较于无烟煤较少，其主要结构以酚、醇、醚、酯的 C—O 以及脂链 CH_3、CH_2 为主。这一现象表明，焦煤中含有相对较多的含氧官能团，需要在其大分子结构的构建过程中着重考虑。在对焦煤的脂肪官能团的分析中共拟合得到 5 个特征峰，其中，脂链亚甲基的伸缩振动是最为显著的，其次为脂链甲基的伸缩振动，因此，在模型的脂肪结构构建过程中应当注意甲基及亚甲基的分布情况，以亚甲基结构为主添加少量的甲基结构。羟基作为煤大分子结构中的重要组成部分，在对羟基部分进行拟合时共得到 2 个吸收峰，相较于环氢键，羟基所占比例更高，主要原因为，焦煤作为变质程度较低的煤，其含有较多的酚、醇及羧酸等结构，导致整体羟基含量较高。

表 3-6　西山煤矿焦煤红外光谱拟合各吸收峰参数

波数/cm^{-1}	编号	峰位/cm^{-1}	面积	相对面积/%	归属
700～900	1	749.28	240.46	30.23	邻位双取代苯
	2	785.65	142.57	17.93	三取代苯
	3	807.14	175.32	22.04	间位双取代苯
	4	840.31	69.88	8.78	对位双取代苯
	5	868.76	167.15	21.02	三取代苯
1 000～1 800	1	1 030.76	1 810.21	15.34	灰分
	2	1 102.20	844.42	7.16	酚、醇、醚、酯的 C—O
	3	1 172.18	798.44	6.77	酚、醇、醚、酯的 C—O
	4	1 246.06	669.52	5.67	酚、醇、醚、酯的 C—O
	5	1 310.58	608.85	5.16	酚、醇、醚、酯的 C—O
	6	1 378.35	926.06	7.85	脂链 CH_3、CH_2的变形振动
	7	1 443.01	1 578.47	13.38	脂链 CH_3、CH_2的伸缩振动
	8	1 573.72	909.69	7.71	芳香烃的C═C 振动
	9	1 623.68	3 447.13	29.21	芳香烃的C═C 振动
	10	1 718.37	207.14	1.75	不饱和羧酸C═O 伸缩振动(羰基)
2 700～3 000	1	2 819.75	141.42	7.21	醛基中C—H 伸缩振动
	2	2 853.81	461.94	23.53	对称 RCH_2
	3	2 888.35	340.61	17.35	RCH_3
	4	2 919.43	676.49	34.47	反对称 RCH_2
	5	2 951.44	342.34	17.44	芳环 CH_3 伸缩振动
3 000～3 600	1	3 253.32	3 323.75	11.01	环氢键
	2	3 449.47	26 876.62	88.99	—OH 伸缩振动

3.2.2　^{13}C-NMR 固体核磁共振分析

如图 3-9 所示，对西山煤矿焦煤的^{13}C-NMR 图谱进行拟合后得到的有效拟合峰个数为 8 个，对应的化学位移参数、峰面积占比及碳归属情况如表 3-7 所示。与无烟煤的核磁共振图谱相近，焦煤图谱中吸收强度最大的峰均为质子化芳碳峰，位于 121.89 ppm 及 113.16 ppm 处，对应的峰面积所占比例可达 71.77%。同时，焦煤的核磁共振数据显示焦煤大分子结构中含有一定数量的桥接芳碳及终端甲基，关于所占峰面积小于 1%的甲基取代芳碳及羰基碳，后期进行焦煤大分子结构的构建过程中不再进行考虑。同样地，表征碳结构的基本参数的计算结果如表 3-8 所示。焦煤的桥接芳碳与周碳之比为 0.06。

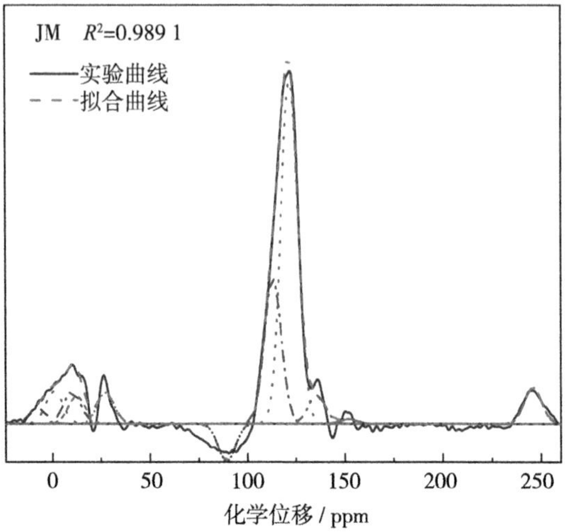

图 3-9　西山煤矿焦煤核磁共振图谱及分峰拟合情况

表 3-7　西山煤矿焦煤核磁共振曲线拟合结果

峰号	化学位移/ppm	相对面积/%	归属
1	2.26	4.74	—
2	10.02	4.75	终端甲基、脂甲基、芳甲基碳
3	12.36	4.00	终端甲基、脂甲基、芳甲基碳
4	27.41	4.54	亚甲基、次甲基、饱和环烃的 CH_2
5	113.16	21.36	质子化芳碳
6	121.89	50.42	质子化芳碳
7	135.67	4.19	非质子化碳、芳环间桥碳
8	151.89	0.69	烷氧基取代芳碳或甲氧基取代芳碳
9	189.90	0.01	羰基碳
10	245.82	5.30	—

表 3-8　西山煤矿焦煤中碳原子结构参数

	f_a	f_a^C	f_a'	f_a^N	f_a^H	f_a^P	f_a^S	f_a^B	f_{al}	f_{al}^*	f_{al}^H	f_{al}^O
JM	85.22	0.01	85.21	5.41	79.80	0.77	4.65	4.65	14.78	9.73	5.05	0

3.2.3　X 射线光电子能谱(XPS)分析

西山煤矿焦煤的 XPS 测试能谱及其对应的 C1s、N1s、S2p 谱的分峰拟合结果如图 3-10、图 3-11 所示。

通过对 C1s 谱图进行分峰拟合，结果显示，西山煤矿焦煤中碳的主要存在形式为 C=C，对应的峰面积占比可达 85.8%，同时还含有 14.2%的 C—O 结构，由此可知，西山煤矿焦煤中碳的主要存在形式为芳碳结构。

关于氮在西山煤矿焦煤中的主要存在形式由分峰拟合可知，共存在 5 个特征峰，其中较为显著的峰为 398.63 eV 处的吡啶氮(23.4%)，399.87 eV 及 400.59 eV 处的吡咯氮(68.2%)，上述结果可以初步确定西山煤矿焦煤大分子中吡咯氮的数量约为吡啶氮的 2～3 倍。

与赵固煤矿无烟煤中硫元素的分析方法一致，由于西山煤矿焦煤硫元素含量仅为 0.35%，因此仅对其类型进行简单分析，煤中硫的主要存在形式为噻吩硫(35.1%)、亚砜硫(29.8%)、砜型硫(15.2%)。

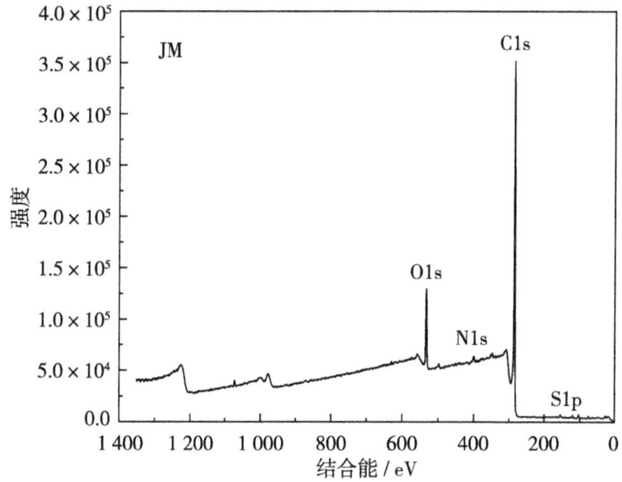

图 3-10　西山煤矿焦煤总能谱

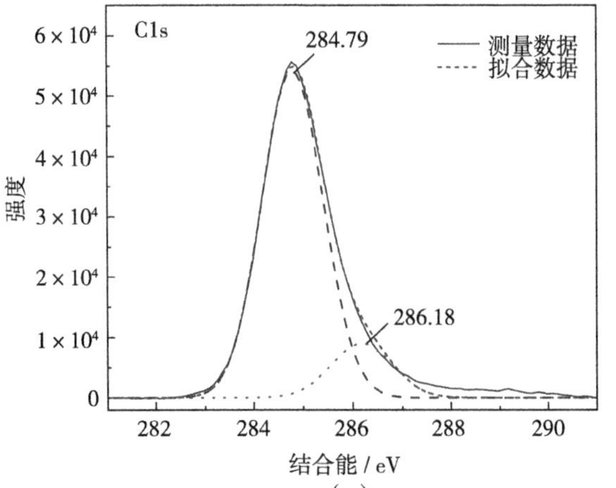

(a)

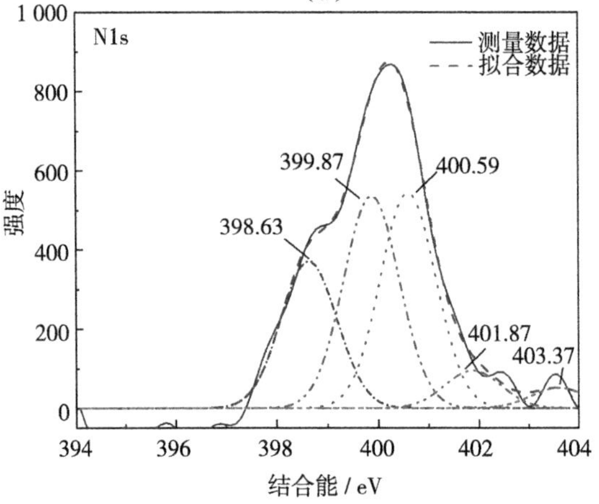

(b)

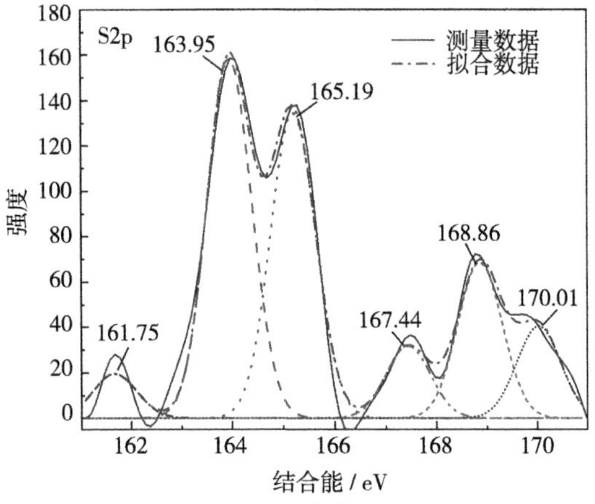

(c)

图 3-11　西山煤矿焦煤 C1s、N1s、S2p 拟合曲线

3.2.4　西山煤矿焦煤分子初始结构分析

与赵固煤矿无烟煤的分子模型确定方法一样，首先需要根据元素分析的结果初步确定西山煤矿焦煤的分子式，同样，西山煤矿焦煤的分子量也是在 2 000～3 000 之内，经过计算可初步确定西山煤矿焦煤的分子式为 $C_{180}H_{125}O_{24}N_3$，M=2 711。为进一步推算西山煤矿焦煤中不同类型芳碳类别的数量，需要通过核磁的数据对质子化芳碳 F_a^H、桥接芳碳 F_a^B、侧支芳碳 F_a^S、氧取代芳碳 F_a^P、芳环原子个数 F_a'、羰基碳F_a^C、脂肪烃碳 F_{al} 的数量进行计算，具体计算结果如表 3-9 所示。

表 3-9　西山煤矿焦煤中不同类型碳原子数量

参数	F_a^H	F_a^B	F_a^S	F_a^P	F_a'	F_a^C	F_{al}
个数	144	8	8	1	153	0	27

在 3.2.2 节中对西山煤矿焦煤的核磁共振图谱进行分析后计算得到其桥接芳碳与周碳比仅为 0.06，同时，西山煤矿焦煤的碳元素含量为 79.49%，接近 80%，已有研究中认为碳含量在 80%左右时，煤中碳原子的主要存在形式为一个及两个苯环的形式，即主要为苯及萘的结构，含有少量的蒽等较为复杂的 3～4 个苯环的结构。因此，在大分子模型的构建过程中主要考虑单个苯环及萘的结构。

基于桥接芳碳与周碳比及初步确定的原子个数，西山煤矿焦煤大分子芳环类型及对应的个数如表 3-10 所示。

表 3-10　西山煤矿焦煤芳香结构类型及个数

结构类型	数量	结构类型	数量
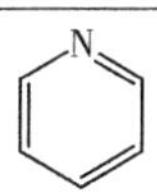	1	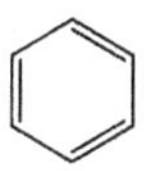	16
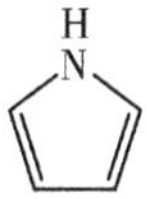	2	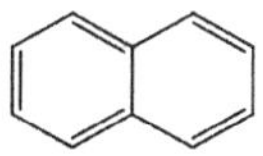	4

根据已有研究中对煤大分子模型的构建经验可知，变质程度较低的煤样烷基侧链碳原子个数一般在 2 个左右，根据红外光谱中关于脂肪官能团的伸缩振动情况可知，西山煤矿焦煤脂碳支链的主要存在形式为亚甲基。同时，作为中等变质程度煤，焦煤中也存在部分醚键、羰基及羟基，因此，根据含氧官能团的类别并

结合初步估算的氧原子个数可以基本确定出不同类型含氧官能团的数量。由于在元素分析过程得到的杂原子主要为硫及氮且含量极低，因此，根据 XPS 的分析结果可以初步确定西山煤矿焦煤中氮主要存在形式为吡咯氮及吡啶氮。基于上述分析结果绘制的西山煤矿焦煤大分子结构模型如图 3－12 所示。

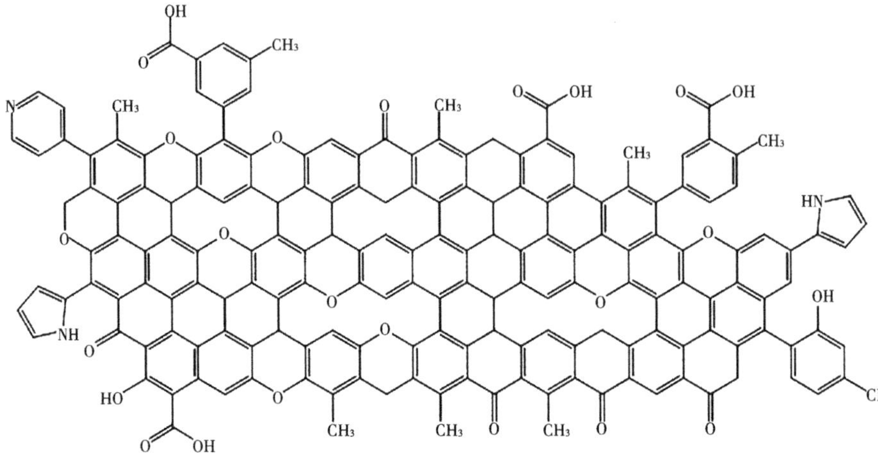

图 3－12　西山煤矿焦煤大分子结构模型

3.3　塔山煤矿褐煤结构分析及分子模型构建

3.3.1　傅里叶变换红外光谱分析

塔山煤矿褐煤的红外光谱及拟合图谱如图 3－13 及图 3－14 所示，对应的分峰拟合结果如表 3－11 所示，分峰拟合结果显示各特征区域的拟合度均可达 0.98 及以上，证明了拟合结果的准确性。

关于 700～900 cm^{-1} 范围内的芳香官能团拟合结果显示，在芳香官能团区域共存在 7 个吸收峰，芳香官能团的存在形式仍以二取代苯为主，不同构型的二取代苯在整个区域峰面积中对应位置的相对百分含量可达 75%以上，与焦煤及无烟煤不同点在于褐煤芳香官能团中存在芳烃在同一芳核上的氢原子变形振动，这一特征表明褐煤的芳环结构简单，整体芳构化程度相比其余两种煤较低。

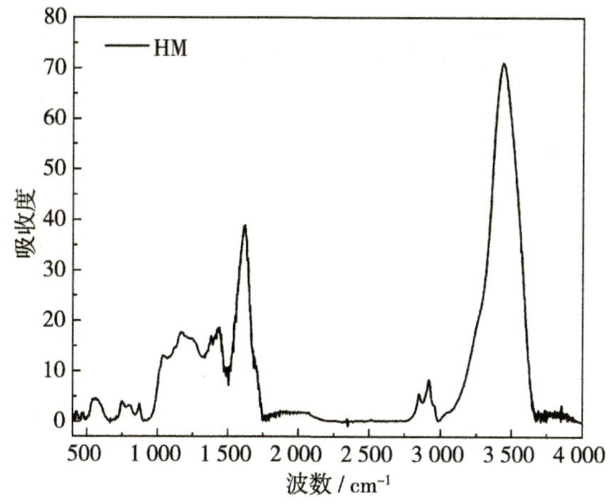

图 3－13　塔山煤矿褐煤红外光谱图

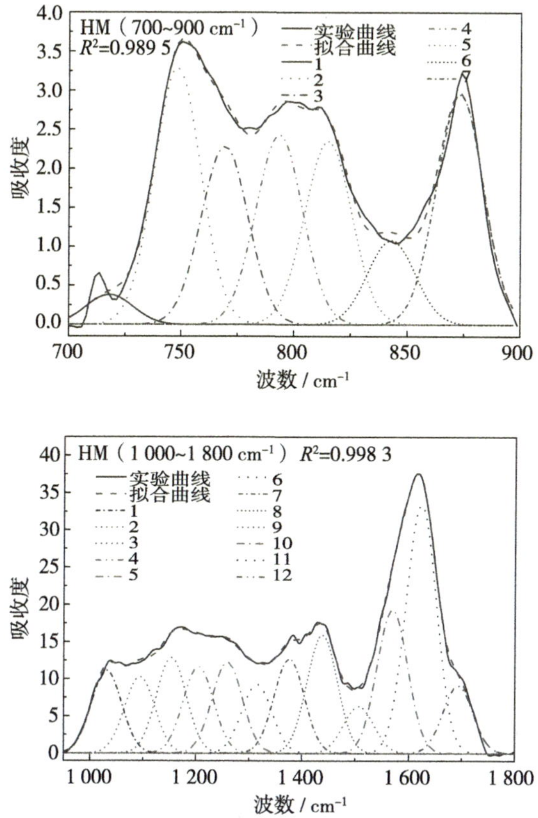

图 3－14　塔山煤矿褐煤红外光谱分峰拟合

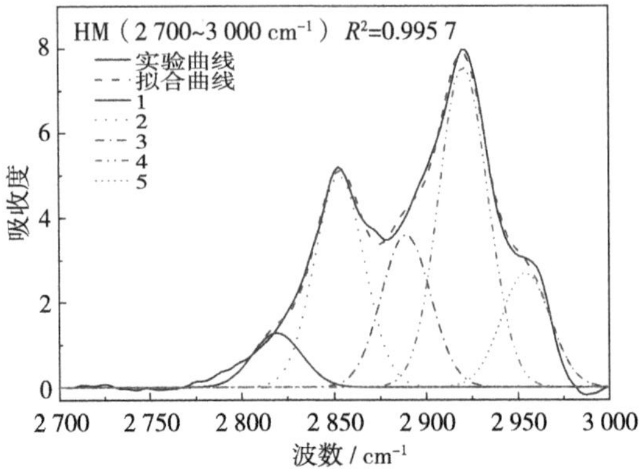

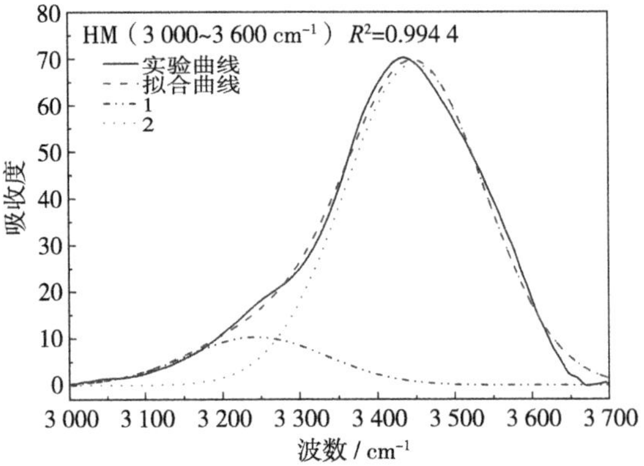

图 3-14 （续）

关于 1 000～1 800 cm^{-1} 范围内的含氧官能团拟合结果显示，含氧官能团在整个红外光谱中的吸收峰强度相对较高，其中，酚、醇、醚、酯的 C—O 的伸缩振动强度较强，而作为典型芳构化特征的 C═C 在该区域内所占的比例相较于无烟煤及焦煤低，这一现象与褐煤变质程度较低具有一定的相关性。

关于 2 700～3 000 cm^{-1} 范围内的脂肪官能团拟合结果显示，脂肪官能团中的官能团类型主要包括脂肪链中对称与不对称的亚甲基，其次要成分则包括少量非对称甲基。同时，通过对比核磁共振中脂碳率的相关数据，塔山煤矿褐煤对应的脂碳率为 24.39%，在三种煤样中对应的脂碳率最高。关于 3 000～3 600 cm^{-1} 范围内的羟基官能团变化情况与无烟煤及焦煤在该区域内的拟合结果一致，褐煤羟基吸收峰同样包含环氢键合和羟基的伸缩振动。

表 3-11 塔山煤矿褐煤红外光谱拟合各吸收峰参数

波数/cm^{-1}	编号	峰位/cm^{-1}	面积	相对面积/%	归属
700～900	1	719.05	9.55	2.49	长链烷烃
	2	748.14	85.60	22.34	邻位双取代苯
	3	769.21	59.44	15.51	邻位双取代苯
	4	793.36	63.16	16.49	间位双取代苯
	5	815.06	61.02	15.93	对位双取代苯
	6	842.93	28.11	7.34	对位双取代苯
	7	872.87	76.25	19.90	芳烃同一芳核上氢原子变形振动
1 000～1 800	1	1 031.23	789.42	6.76	灰分
	2	1 093.74	730.89	6.26	酚、醇、醚、酯的 C—O
	3	1 153.72	917.77	7.87	酚、醇、醚、酯的 C—O
	4	1 205.01	828.98	7.10	酚、醇、醚、酯的 C—O
	5	1 259.15	874.63	7.49	酚、醇、醚、酯的 C—O
	6	1 314.98	657.72	5.63	酚、醇、醚、酯的 C—O
	7	1 375.94	901.82	7.72	脂链 CH_3、CH_2的变形振动
	8	1 438.10	1 131.90	9.69	脂链 CH_3、CH_2的伸缩振动
	9	1 506.73	446.36	3.82	C—C 伸缩振动
	10	1 569.16	1 372.65	11.76	芳香烃的C═C 振动
	11	1 622.54	2 379.53	20.38	芳香C═O 伸缩振动
	12	1 692.69	644.56	5.52	芳香C═O 伸缩振动
2 700～3 000	1	2 819.18	42.70	6.35	醛基中 C—H 伸缩振动
	2	2 853.02	166.63	24.77	对称 RCH_2
	3	2 889.05	120.50	17.92	CH_2 伸缩振动
	4	2 920.53	252.69	37.57	反对称 RCH_2
	5	2 954.27	90.05	13.39	脂链—CH_3 不对称伸缩振动
3 000～3 600	1	3 244.50	2 332.05	13.01	环氢键
	2	3 448.17	15 603.73	86.99	—OH 伸缩振动

3.3.2 ^{13}C-NMR 固体核磁共振分析

关于塔山煤矿褐煤的核磁共振相关数据如图 3-15 及表 3-12 所示。

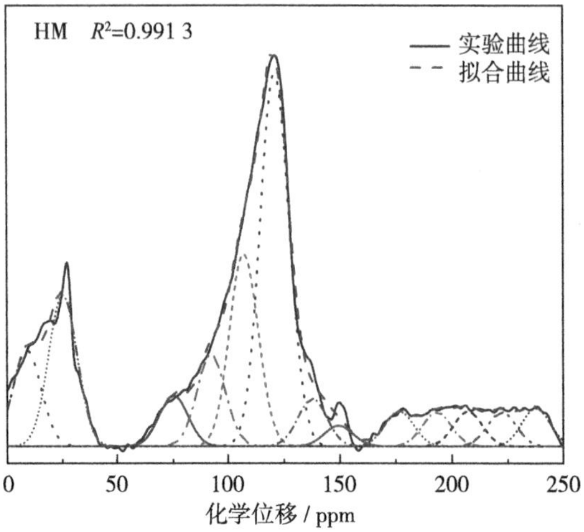

图 3-15　塔山煤矿褐煤核磁共振图谱及分峰拟合情况

表 3-12　塔山煤矿褐煤核磁共振曲线拟合结果

峰号	化学位移/ppm	相对面积/%	归属
1	10.11	7.41	终端甲基、脂甲基、芳甲基碳
2	25.26	12.71	亚甲基、次甲基、饱和环烃的 CH_2
3	75.24	4.28	碳氢化合物环内氧接脂碳、醚键脂碳
4	92.28	7.73	质子化芳碳
5	107.16	16.15	质子化芳碳
6	121.08	31.36	质子化芳碳
7	137.70	4.02	非质子化碳、芳环间桥碳
8	149.44	1.72	烷基取代芳碳或缩合点的芳碳
9	176.57	2.93	羧基碳
10	193.24	2.84	羧基碳
11	207.18	2.92	羰基碳
12	222.32	2.85	羰基碳
13	237.20	3.08	羰基碳

表 3-13　塔山煤矿褐煤中碳原子结构参数

	f_a	f_a^C	f_a'	f_a^N	f_a^H	f_a^P	f_a^S	f_a^B	f_{al}	f_{al}^*	f_{al}^H	f_{al}^O
HM	75.61	14.62	60.98	5.74	55.24	1.72	5.74	4.02	24.39	7.41	12.71	4.27

通过分析塔山煤矿褐煤的核磁图谱(图 3－15)可以发现,对原实验曲线进行分峰拟合后可以得到13 个特征峰,拟合相关峰的归属如表 3－12 所示。拟合结果与无烟煤及焦煤的结果相近,均在 100～129 ppm 范围内存在最大吸收峰面积的质子化芳碳峰。然而,相较于其他两个样品,褐煤的变质程度最低,即存在较多数量的脂肪碳结构及支链结构,整体缩合程度及芳碳化程度均较低,其中,三种煤的芳碳率分别为 96.83、85.22 及 75.61,呈不断降低的趋势,对应的脂碳率分别为 3.17、14.78 及 24.39,呈不断增加的趋势。在对煤的大分子结构进行预测时,三者将会有显著性差异,芳核的缩聚程度呈现不断下降的趋势,支链数目不断增加。为便于芳香结构的确定,基于表 3－13 的数据可计算得到塔山煤矿褐煤大分子结构中的桥接芳碳与周碳的比为 0.06。

3.3.3 X 射线光电子能谱(XPS)分析

图 3－16 及图 3－17 为塔山煤矿褐煤的 XPS 测试结果及对应元素的分峰拟合结果。由图 3－17(b)可知,塔山煤矿褐煤中 C 元素的主要存在形式为 C═C(85.6%),同时含有少量的 C—O(13.2%)结构。N1s 谱中共存在 7 个特征峰,其中所占比例较高的分别为 398.38 eV、399.27 eV 处对应的吡啶氮(32.3%),400.22 eV、400.96 eV 处对应的吡咯氮(53.2%),因此,塔山煤矿褐煤大分子中氮的主要存在形式为吡啶氮及吡咯氮。塔山煤矿褐煤中硫的存在形式主要为噻吩硫(164.10 eV,66.8%)及亚砜硫(165.29 eV,33.2%)。

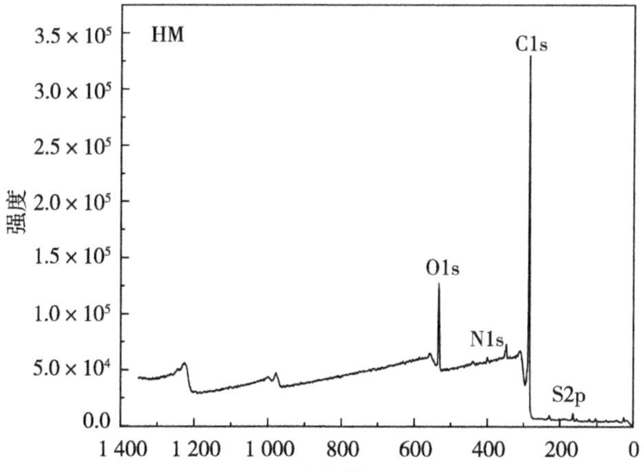

图 3－16 塔山煤矿褐煤总能谱

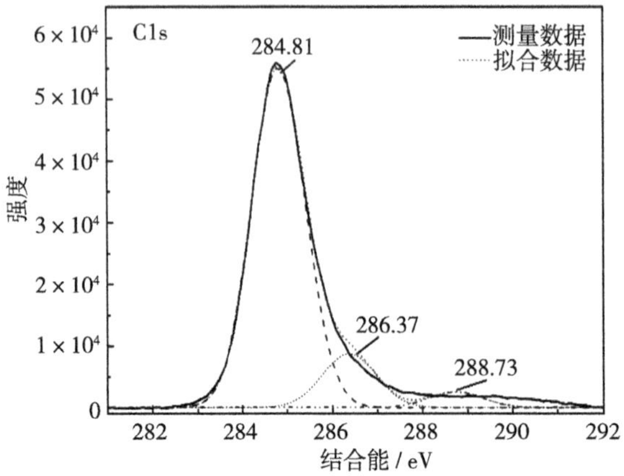

(a)

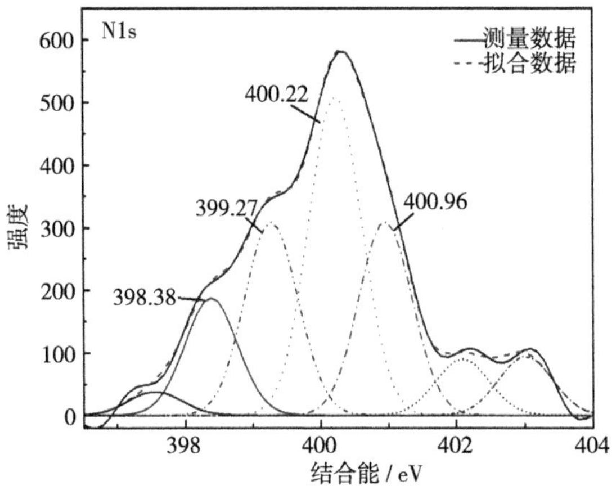

(b)

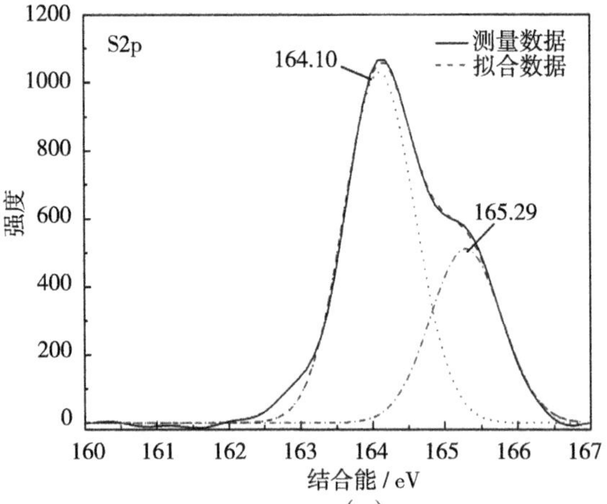

(c)

图 3-17 塔山煤矿褐煤 C1s、N1s、S2p 拟合曲线

3.3.4　塔山煤矿褐煤分子初始结构分析

与赵固煤矿无烟煤及西山煤矿焦煤大分子的构建方法一致，首先需要根据元素分析的结果初步确认褐煤的分子式，经过计算可知褐煤的分子式为 $C_{162}H_{111}O_{28}N_2$，$M=2531$。结合核磁分析结果，塔山煤矿褐煤中不同类型芳碳的数量如表 3－14 所示。

作为变质程度最低的煤种，塔山煤矿褐煤的碳含量为 76.53%，褐煤的桥碳和芳碳比为 0.06(小于 0.1)。同时，红外分析结果表明，褐煤中的芳香官能团主要由不同取代形式的双取代苯组成。此外，同一芳环结构中，不同位置的氢原子也呈现明显的特征吸收峰，表明其具有位置异构特性。含氧官能团中芳香 C═C 含量仅为 11.76%，这与其 75.61%的芳碳率保持一致性。关于脂肪碳的主要存在形式，初步计算得到褐煤大分子结构中的脂碳数量为 40 个且主要存在形式为烷基侧链，主要吸收峰表现为亚甲基的伸缩振动，同时伴有少量甲基的伸缩振动。此外，在酚、醇、醚以及酯类化合物中，C—O 键是其主要的结构特征。杂原子主要为氮原子，预测含有 2 个氮原子，结合 XPS 的分析结果，可以初步确定褐煤大分子结构中氮原子的存在形式为一个吡咯氮及一个吡啶氮。基于此，塔山煤矿褐煤中不同芳香结构类型的个数如表 3－15 所示。根据上述分析结果，初步绘制的塔山煤矿褐煤大分子结构模型如图 3－18 所示。

表 3－14　塔山煤矿褐煤中不同类型碳原子数量

参数	F_a^H	F_a^B	F_a^S	F_a^P	F'_a	F_a^C	F_{al}
个数	89	7	9	3	99	24	40

表 3－15　塔山煤矿褐煤芳香结构类型及个数

结构类型	数量	结构类型	数量
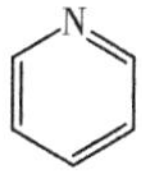	1		10
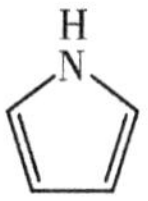	1	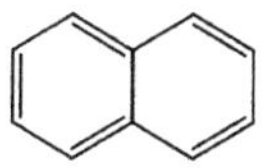	3

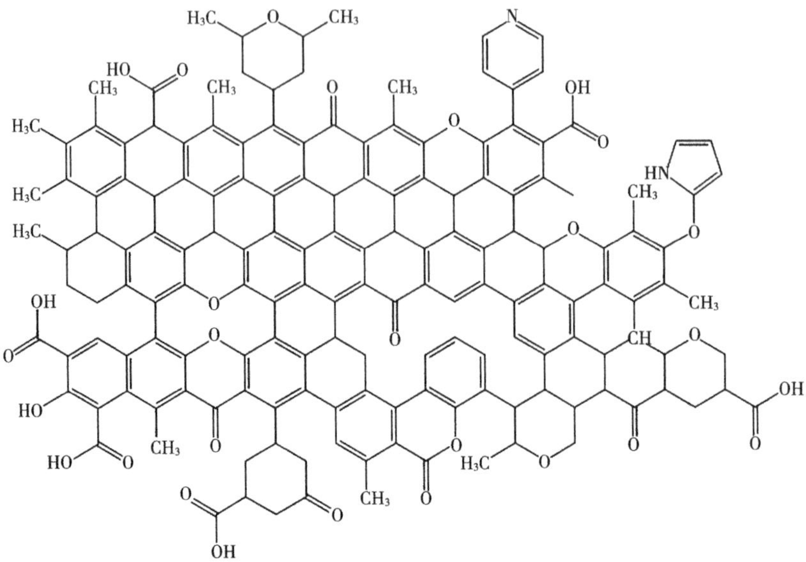

图 3-18 塔山煤矿褐煤大分子结构模型

3.4 煤分子正确性验证

为保证构建的煤大分子模型能在后期的计算过程中较为真实反映吸附过程，需要将绘制的大分子平面模型进行分子力学几何优化、分子动力学退火优化等操作以获得结构稳定的单分子最低能量构型。根据已有研究经验，当完成煤模型的基础优化后需要对模型进行初步检验，需要对模型中的元素含量、真密度及核磁共振谱图数据进行对比，从而确定模型的合理性。

首先，通过对得到的煤大分子模型进行元素含量计算并与实验得到的元素结果进行对比可知，三种煤大分子中的元素含量与实验测试值相近，证明模型中不同元素个数分配合理，同时，由于实验煤样中的硫元素含量较低且在后期计算过程中估算得到的硫原子个数均小于 1，因此，构建模型的过程中未考虑硫元素。相关对比结果如表 3-16 所示。其次，得到三种煤样的初始平面结构后，首先需要将模型导入 ACD/CNMR Predictor 对模型的^{13}C-NMR 谱图进行预测，并根据谱图中不同的区域进行优化，其中，三种煤样的预测^{13}C-NMR 谱图与实验谱图重合度均较为理想，可见模型构建的合理性。图 3-19 为三种煤样模拟预测谱图与实验谱图对比。图 3-20、图 3-21、图 3-22 分别为三种煤样优化后的最低能量构型。

表 3-16　模拟计算及实验测定煤元素质量分数

煤样	元素质量分数 / %				
	C	H	O	N	S
无烟煤(实验)	84.25	1.93	12.01	1.27	0.54
无烟煤(模拟)	84.85	1.94	11.79	1.42	0
焦煤(实验)	79.49	4.60	14.08	1.48	0.35
焦煤(模拟)	79.67	4.61	14.17	1.55	0
褐煤(实验)	76.53	4.37	17.89	0.99	0.21
褐煤(模拟)	76.36	4.39	17.90	1.35	0

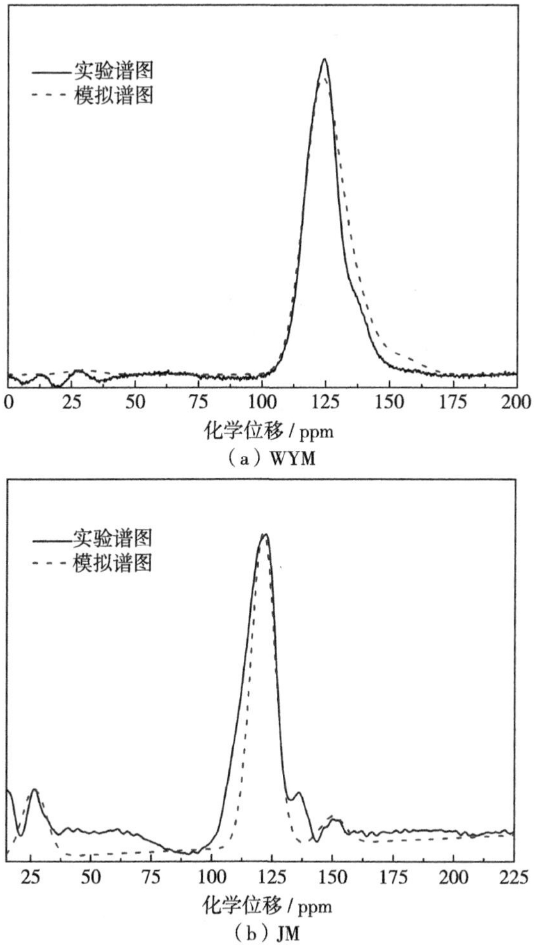

图 3-19　实验及模拟核磁谱图对比

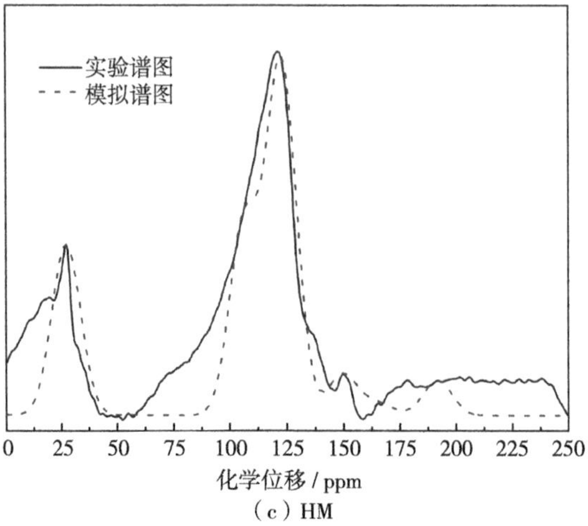

（c）HM

图 3-19 （续）

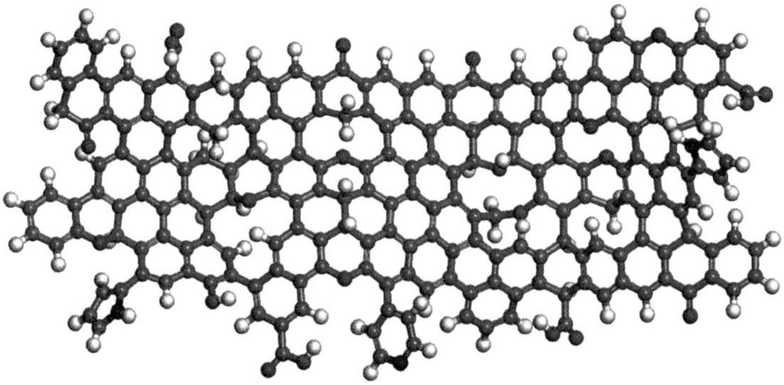

图 3-20 优化后赵固煤矿无烟煤大分子结构模型

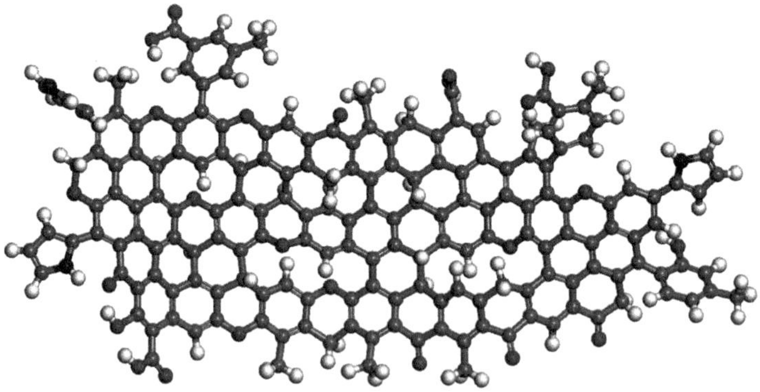

图 3-21 优化后西山煤矿焦煤大分子结构模型

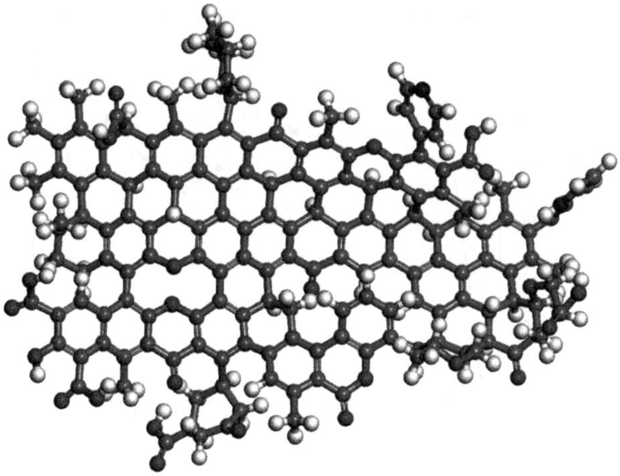

图 3-22　优化后塔山煤矿褐煤大分子结构模型

在验证煤模型正确性的过程中，研究者经常通过分子动力学模拟不同密度条件下对应的势能变化情况，首先将能量最小化后的煤大分子模型按照指定密度添加周期性边界条件，随后进行分子力学及分子动力学计算以得到最低能量结构并对比最低能量值。在进行密度计算时，曲线常出现多个拐点，一般认为密度对应能量最低点的后一个能量最低的拐点为对应的模拟密度。关于三种煤模型的密度与势能之间的关系如图 3-23 所示。图中标识的圆圈位置为模

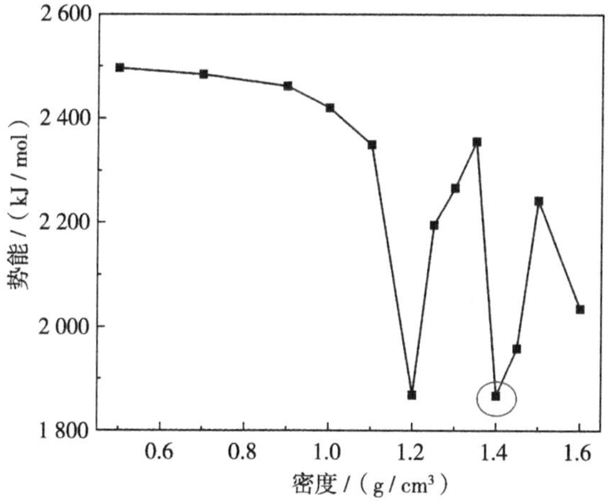

（a）WYM

图 3-23　三种煤样密度与势能关系图

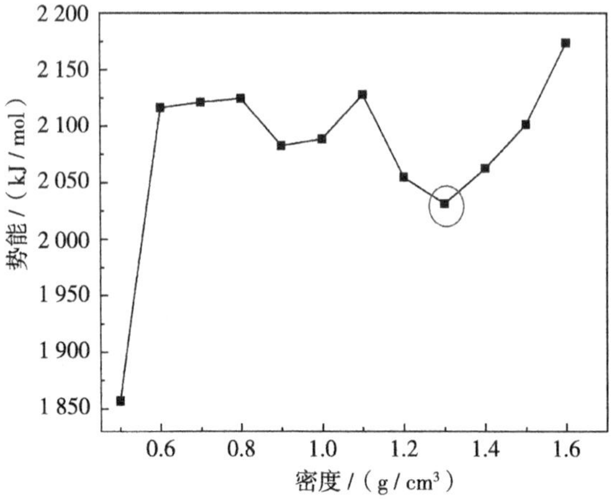

(b) JM

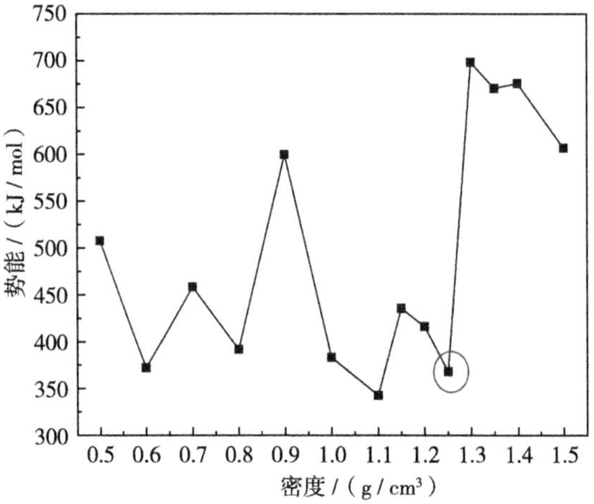

(c) HM

图 3-23 (续)

拟密度点，其中，赵固煤矿无烟煤的密度为 1.4 g/cm³，西山煤矿焦煤密度为 1.3 g/cm³，塔山煤矿褐煤密度为 1.25 g/cm³，上述密度值均与实验测得的真密度值接近且符合已有研究中关于不同变质程度煤的密度变化范围。

3.5 本章小结

本章通过元素分析、傅里叶红外光谱、固体核磁共振、X 射线光电子能谱测试方法，对赵固煤矿无烟煤、西山煤矿焦煤、塔山煤矿褐煤的元素含量、官能团种类、碳元素种类进行了定性及定量分析，相关研究结果如下：

① 选取了变质程度由高到低的三种煤样作为研究对象。通过元素分析后对煤中的C、H、O、N、S元素的百分比及对应的H/C、O/C、N/C、S/C相关参数进行分析。通过与国标数据相对比可知，选取的三种煤样均符合无烟煤、烟煤及褐煤的元素含量要求。

② 采用傅里叶红外光谱分析技术对三种煤样在400～4 000 cm^{-1}范围内进行衍射，得到的数据与已有研究成果中的各吸收峰特征参数进行分析，从而确定煤样中的官能团分布情况，为后期的模型构建提供参考。

③ 采用固体核磁共振实验分析得到三种煤样的核磁共振波谱，通过Peakfit软件对谱图进行分峰拟合，与已有研究成果相对比，确定不同化学位移处峰所对应的碳结构。结果表明，三种煤样中占比最高的均为质子化芳碳结构，其余碳结构随变质程度不同而呈现不同程度差异。

④ 采用X射线光电子能谱测试技术对煤中C、O、N、S元素的存在形式进行分析，结合固体核磁共振的分析结果进一步确定煤大分子中不同元素的存在形态。三种煤样中碳的主要存在方式为C═C，氮的存在形式主要为吡啶氮及吡咯氮，硫的存在形式主要为噻吩硫。

⑤ 基于元素分析结果初步预测三种煤结构的分子式；随后，基于X射线光电子能谱测试、固体核磁共振实验结果对煤中碳的不同存在形式对应的数量进行分析，其中，相关数据的获得需要基于核磁共振分析中计算得到的桥碳比(X_{BP})进行后续相关计算。利用ChemDraw软件初步构建三种煤的大分子模型后，结合傅里叶红外光谱分析结果对得到的煤结构模型进行修正得到符合实际的煤结构模型。

⑥ 将初步构建的煤结构模型导入到Material Studio 8.0中进行结构优化，经过一系列的结构优化、退火等操作得到能量最小化模型，对三种煤模型的密度进行计算并与实验结果相对比，确定所构建煤模型的准确性。同时，本章中还对构建完成的煤结构模型中的元素含量与实验结果相对比，将构建的煤分子结构模型导入ACD/CNMR Predictor进行$^{13}C-NMR$谱图预测并修正，经过与实验数据对比后发现，上述操作后获得的煤结构模型能够真实反映煤结构。综上所述，本章构建的煤结构模型结构合理且符合实际情况，相关模型可以用于完成后续的相关计算，计算结果合理且可信。

第 4 章　煤基质气体吸附特性分子模拟

基于第 3 章构建的三种不同变质程度的煤大分子结构模型，本章分别构建了三种变质程度煤体对应的煤基质结构模型，通过结构优化、模拟退火等操作获得对应能量最小化模型。在已有研究中，关于单组分及双组分气体吸附特性差异的研究大多基于单个煤分子进行相关吸附特性研究，构建的晶胞体系相对较为简单，导致结果的普适性相对较差。基于此，为进一步探究煤基质气体吸附特性差异机理，本章构建不同变质程度煤基质模型，分别探究煤基质在单组分及双组分吸附过程中的吸附量变化、等量吸附热变化、选择吸附系数变化规律，通过对比分析最终揭示煤基质气体吸附特性差异机理，进而为后续孔隙模型研究奠定相关基础。

4.1　模拟相关参数计算方法

4.1.1　单组分气体逸度换算

模拟过程中所选用的压力值为逸度值，由于非理想气体在不同温度和压力条件下的逸度与密度均存在差异，尤其在压力较高时影响更为显著。因此，本书中的压力与逸度间的换算均通过 Peng-Robinson 状态方程实现[167]，如式(4－1)所示：

$$p=\frac{RT}{V-b}-\frac{a(T)}{V(V+b)+b(V-b)} \tag{4-1}$$

式中　p——压力，单位为 Pa；

T——温度，单位为 K；

V——摩尔体积，单位为 m^3/mol；

R——理想气体常数，一般取 8.314；

a——将分子间的引力考虑在内的修正系数，是关于温压、临界温度、临界压力与偏心因子有关的函数；

b——将分子体积修正后的参数，与物质的临界压力和临界温度有关。

将式(4-1)按多项式展开进行转化可得式(4-2)：

$$Z^3-(1-B)Z^2+(A^2-3B^2-2B)Z-(AB-B^2-B^3)=0 \quad (4-2)$$

式中 $A=\dfrac{ap}{R^2T^2}$，$B=\dfrac{bp}{RT}$，$Z=\dfrac{pV}{RT}$。

关于气体在临界点的性质变化需要依据气体的热力学参数进行计算，关于模拟中涉及的两种气体相关物理学参数如表4-1所示，其中1 Å=10^{-10} m。

表4-1 气体临界物理性质

气体	临界温度 T_c/K	临界压力 p_c/kPa	动力学直径/Å	键长/Å	键角/(°)	偏心因子 ω
CH_4	190.56	4 559.20	3.8	1.09	109.47	0.01
CO_2	304.13	7 382.10	3.3	1.15	180	0.23

因此，临界点位置处式(4-1)中参数的可以表示如下：

$$a(T_c)=\frac{0.457\ 24R^2T_c^2}{p_c} \quad (4-3)$$

$$b(T_c)=\frac{0.077\ 80RT_c}{p_c} \quad (4-4)$$

$$Z_c=0.307 \quad (4-5)$$

在非临界点时有：

$$a(T)=a(T_c)\cdot a(T_r,\omega)=$$

$$\frac{0.457\ 24R^2T_c^2}{p_c}\left\{1+(0.374\ 64+1.542\ 26\omega-0.269\ 92\omega^2\left[1-\sqrt{\frac{T}{T_c}}\right]\right\}^2 \quad (4-6)$$

$$b(T)=b(T_c)=\frac{0.077\ 80RT_c}{p_c} \quad (4-7)$$

综上，单组分气体逸度系数可表示为式(4-8)：

$$\ln\frac{f}{p}=\int_0^p\left(\frac{V}{RT}-\frac{1}{p}\right)\mathrm{d}p=Z-1-\ln(Z-B)-\frac{a}{2\sqrt{2}B}\ln\left(\frac{Z+2.414B}{Z-0.414B}\right) \quad (4-8)$$

式中 $\dfrac{f}{p}$——逸度系数 φ。

关于 CH_4、CO_2 在 0～10 MPa 范围内逸度系随压力变化情况如图 4 - 1 所示。

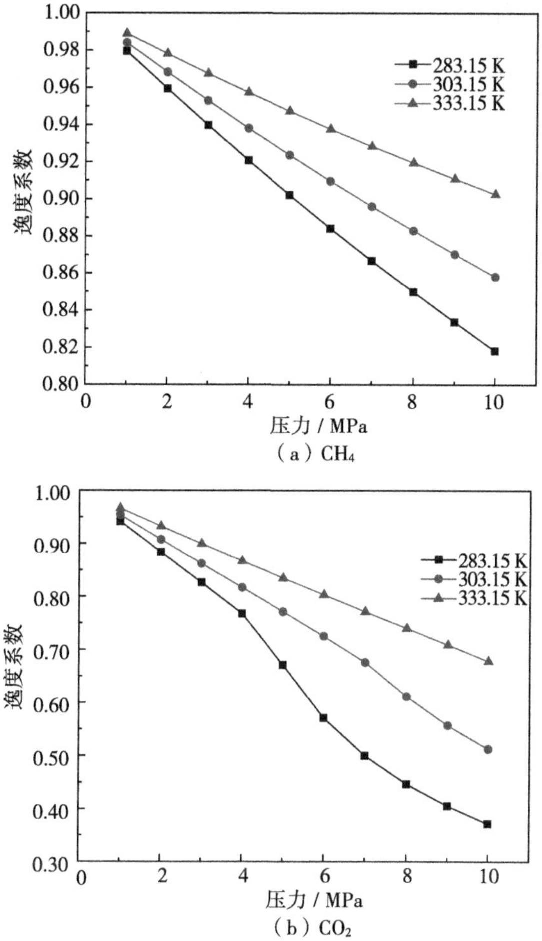

（a）CH_4

（b）CO_2

图 4 - 1　单组分气体压力与逸度系数的关系

单组分气体压力与逸度系数的关系如图 4 - 1 所示，整体来看，逸度系数随压力增加呈现出不断下降的趋势，同时，随着温度升高，整体逸度系数值增加，同一压力条件下，较高温度对应较大逸度系数。由图 4 - 1(b)可知，CO_2 逸度系数在温度为 283.15 K、压力为 4 MPa 时出现拐点，表明 CO_2 由气态转变为液态，导致逸度系数的突然减小。通过对比两种气体的逸度系数变化情况并与表 4 - 1 中气体对应的物理性质可知，气体逸度系数变化规律与其临界温度及临界压力相一致，即 CO_2>CH_4。

4.1.2 多组分气体逸度换算

关于多组分气体逸度系数的计算可以通过式(4-9)、式(4-10)得到：

$$\ln \varphi_i = \frac{b}{b_i}(Z-1) - \ln(Z-B) - \frac{A}{B}\left(\frac{b}{b_i} - \frac{2\sum y_i a_{ij}}{a}\right)\ln\frac{Z+B}{Z} \tag{4-9}$$

$$\ln \varphi_j = \frac{b}{b_i}(Z-1) - \ln(Z-B) - \frac{A}{B}\left(\frac{b}{b_j} - \frac{2\sum y_i a_{ij}}{a}\right)\ln\frac{Z+B}{Z} \tag{4-10}$$

其中，

$$a_i = \frac{0.457\,24 R^2 T_{ci}^2}{p_{ci}} \tag{4-11}$$

$$b_j = \frac{0.457\,24 R^2 T_{cj}^2}{p_{cj}} \tag{4-12}$$

$$b_i = \frac{0.086\,64 R^2 T_{ci}^2}{p_{ci}} \tag{4-13}$$

$$b_j = \frac{0.086\,64 R^2 T_{cj}^2}{p_{cj}} \tag{4-14}$$

$$a_{ij} = \sqrt{a_i a_j}(1-k_{ij}) \tag{4-15}$$

式中 T_c——气体的临界温度，单位为 K；

p_c——气体的临界压力，单位为 MPa；

φ——逸度系数。

对于二元混合气体，系数 a、b 的确定基于范德瓦尔斯混合规则进行确定，相关表达式如式(4-16)、式(4-17)所示：

$$a = \sum_i \sum_j y_i y_j a_{ij} \tag{4-16}$$

$$b = \sum_i y_i b_i \tag{4-17}$$

基于此，逸度可表示为式(4-18)、式(4-19)：

$$f_i = y_i \varphi_i p \tag{4-18}$$

$$f_j = y_j \varphi_j p \tag{4-19}$$

关于二元混合气体不同温度及压力条件下的逸度系数与压力间的关系如图 4-2 所示，其中，不同摩尔比下 CH_4、CO_2 与其对应的逸度系数间均为正相关的关系。对于 CH_4，随着混合气体中其所占摩尔比的增加，对应的逸度系数

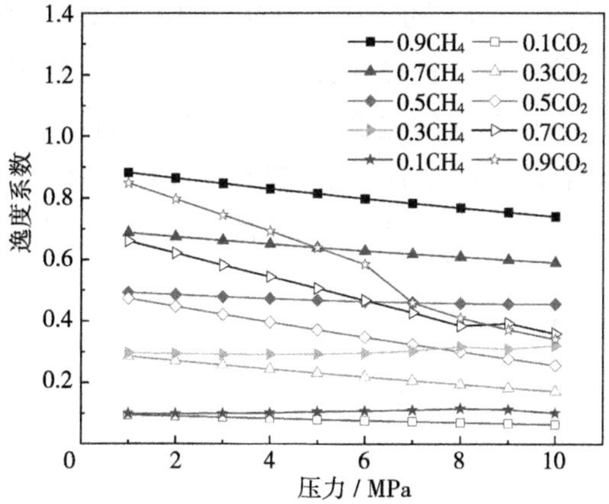

（a）283.15 K

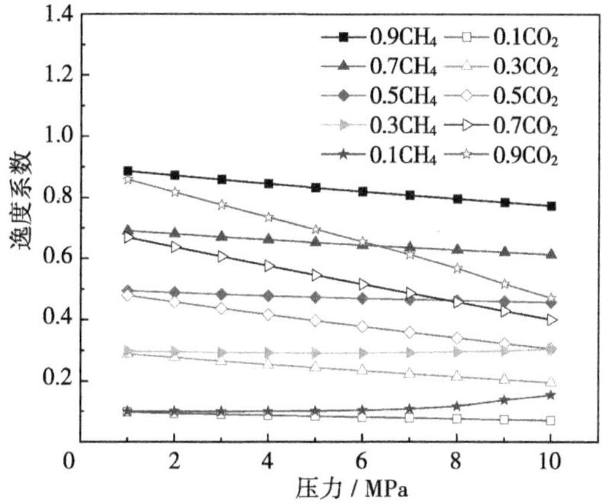

（b）303.15 K

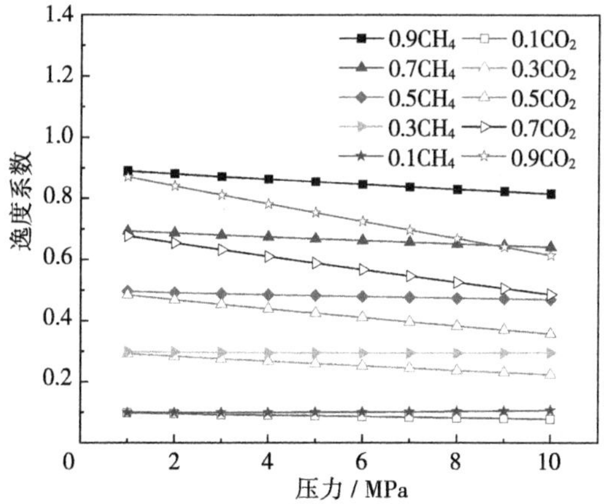

（c）333.15 K

图 4－2　二元混合气体压力与逸度系数的关系

均呈现不断增加的趋势，同时，随着压力升高，对应的逸度系数值呈不断下降趋势。通过对比 CH_4、CO_2 在不同摩尔比下的逸度系数变化情况可知，当两种气体的摩尔比相同时，CO_2 对应的逸度系数在各压力条件下均小于 CH_4 对应的逸度系数。同时，随着压力的增加，二元混合气体中两种气体的逸度系数差异越来越明显，其中，当压力为 10 MPa 时，逸度系数差异最为显著。

4.1.3 吸附量计算

在 Material Studio 中，关于吸附量的结果均以 average molecules/cell 为单位，但实验中关于吸附量的计算常以 mmol/g 为单位。基于此，为将模拟数据与实验数据进行对照需要进行单位换算。具体换算方式如式(4－20)所示：

$$\text{uptake}=\frac{\text{Loading molecules}}{M_{\text{cell}}}\times 10^3 \tag{4-20}$$

式中 M_{cell}——吸附质单元的相对分子质量。

分子模拟中计算得到的吸附量为绝对吸附量，为与实验结果相对应需要对模拟得到的数据进行换算以得到过剩吸附量，具体计算方式如式(4－21)所示：

$$n_{\text{ex}}=n_{\text{ab}}-\rho_{\text{free}}\cdot V_{\text{free}} \tag{4-21}$$

式中 n_{ex}——过剩吸附量，单位为 mmol/g ；

n_{ab}——绝对吸附量，单位为 mmol/g；

ρ_{free}——自由相气体密度，单位为 g/cm^3；

V_{free}——自由相气体所占体积，单位为 cm^3。

4.1.4 选择吸附系数计算

在研究多组分气体的竞争吸附差异时，需要引入选择吸附系数描述两种不同组分在竞争吸附过程中的分离特性，计算方法如式(4－22)所示，即气体在吸附相与气相中的摩尔比。

$$S_{\text{a/b}}=\frac{x_{\text{a}}/x_{\text{b}}}{y_{\text{a}}/y_{\text{b}}} \tag{4-22}$$

式中 $x_{\text{a}}/x_{\text{b}}$——吸附相气体摩尔分数；

$y_{\text{a}}/y_{\text{b}}$——气相气体摩尔分数($a$ 代表 CO_2，b 代表 CH_4)。

当 $S_{\text{a/b}}>1$ 时 ，表明 CO_2 竞争吸附能力强于 CH_4，$S_{\text{a/b}}$ 越大，混合气体的分离效果越理想；反之，当 $S_{\text{a/b}}<1$ 时，表明 CH_4 竞争吸附能力强的于 CO_2。当 $S_{\text{a/b}}=1$ 时表示两种气体的竞争吸附能力相近。

4.2　煤基质单组分气体吸附差异

已有研究中关于不同变质程度煤体甲烷吸附特性的研究大多是从实验角度进行探究，但实际生产过程中不同煤阶之间的吸附量差异一方面由煤中的孔裂隙结构决定，一方面由其变质程度决定。因此，基于构建的不同变质程度煤体结构模型进行吸附特性差异研究对于实现微观层面吸附差异机理研究具有极其重要的意义。基于此，本章基于第 3 章构建的煤大分子结构模型构建符合实际情况的煤基质模型，通过分析吸附量、相互作用能等研究不同类型气体在煤基质中的吸附特性差异，从而得出不同变质程度煤体吸附特性差异机理。

4.2.1　煤基质模型构建及模拟方案

基于第 3 章构建的煤大分子模型，首先对煤结构基本单元进行能量最小化、几何优化、退火操作，确保能量达到最低值且结构稳定后建立周期性结构，整个优化过程中选择的力场均为 COMPASS Ⅱ 力场，范德瓦尔斯相互作用能的计算方式为 Atom based，静电相互作用能的计算方式为 Ewald。首先，通过 AC 模块将 5 个优化后的煤分子随机放置于周期性盒子中，对得到的模型进行一系列结构优化以得到能量最低的稳定结构。具体步骤如下：首先通过 Forcite 模块中的 Geometry Optimization 对得到的晶胞进行结构优化；其次，基于结构优化得到的晶胞对其进行退火及动力学弛豫，通过退火寻找能量最低构型，其中，正则系综退火的温度范围为 300～700 K，共设置 5 个循环，动力学弛豫总时间为 1 000 ps，时间步长为 1 fs。经过一系列的优化后，三种煤样的晶胞密度分别为 1.38 g/cm^3（赵固煤矿无烟煤）、1.31 g/cm^3（西山煤矿焦煤）、1.17 g/cm^3（塔山煤矿褐煤），上述三种煤样的密度均与实验值接近，证明了所构建模型的正确性，优化后的煤基质结构模型如图 4－3 所示。

关于单组分气体在煤基质中的吸附特性研究，本书主要研究 1～5 MPa 压力范围内、283.15～333.15 K 温度范围内的 CH_4、CO_2 吸附特性，从而系统获得不同温度、压力及煤体变质程度下的气体吸附特性差异机理。本节主要针对不同环境条件下对应的甲烷吸附量及等量吸附热进行对比分析。

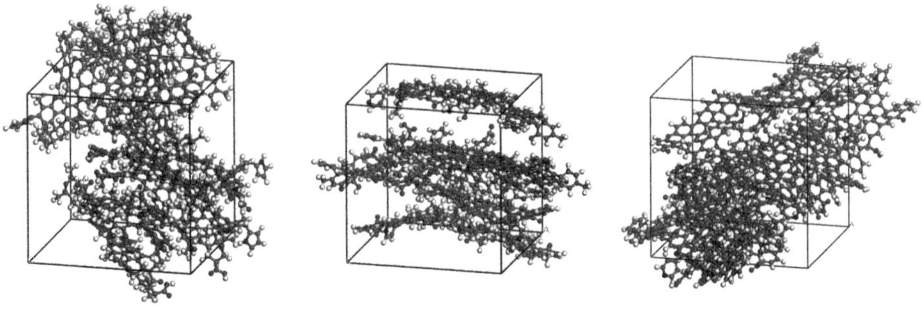

（a）HM　　（b）JM　　（c）WYM

图 4－3　优化后煤基质结构模型

4.2.2　煤基质单组分气体吸附特性差异

283.15 K、303.15 K 及 333.15 K 温度条件下 1～5 MPa 范围内塔山煤矿褐煤、西山煤矿焦煤、赵固煤矿无烟煤对应的 CH_4 及 CO_2 的等温吸附曲线如图 4－4 及图 4－5 所示。在对其吸附量变化情况进行分析时，首先需要对模拟得到的数据依据 Langmuir 模型进行拟合，如式(4－23)所示。本书的主要目的为分析不同变量对甲烷吸附的影响，相关拟合结果如表 4－2 所示。

$$V=\frac{abp}{1+bp} \tag{4-23}$$

式中　V——甲烷吸附量，单位为 mmol/g；

p——吸附平衡压力，单位为 MPa；

a——吸附常数，表示甲烷的极限吸附量，单位为 mmol/g；

b——吸附常数(兰氏压力的倒数)，单位为 MPa^{-1}。

由图 4－4 可知，甲烷在三种不同变质程度煤体中吸附量随压力增加均呈现不断增加的趋势，同时，无烟煤在不同温度及压力条件下对应的吸附量均为最高。表 4－2 为不同条件下对应等温吸附的 Langmuir 拟合结果，其中，各等温吸附曲线的拟合结果均可达到 0.99 以上，证明了拟合结果的正确性。通过将拟合参数中的 a 值进行分析可知，随温度升高，不同变质程度煤体在不同压力下对应的吸附量均呈降低趋势，同时，随温度升高，褐煤及焦煤的吸附量差异逐渐显著但无烟煤与二者间的差距逐渐减弱。

图 4－5 为不同变质程度煤体中 CO_2 的吸附特性曲线，与对应温度及压力条件下的 CH_4 吸附量相比，煤体对 CO_2 的吸附能力显著高于 CH_4，基本可以达

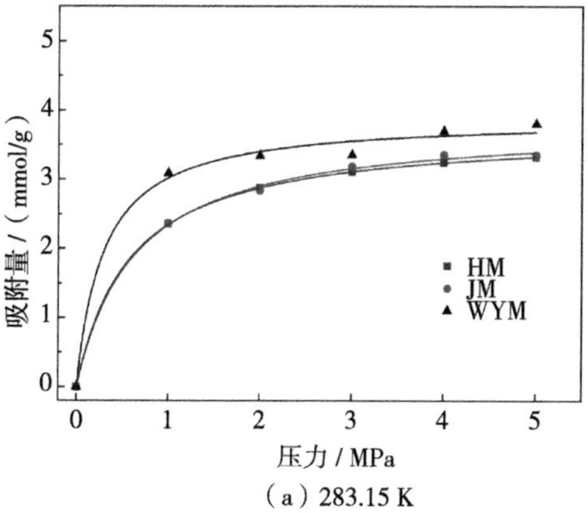

（a）283.15 K

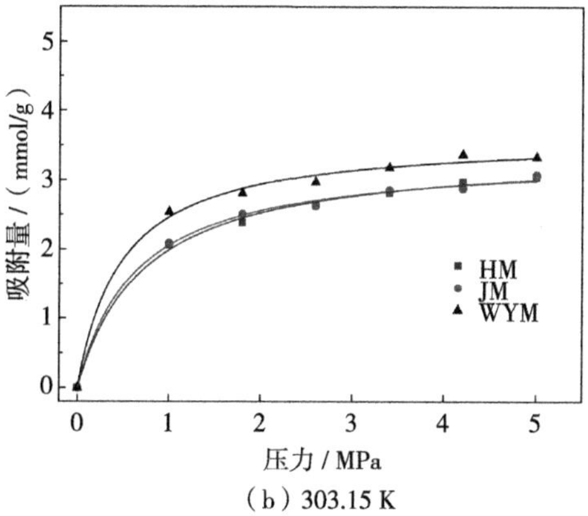

（b）303.15 K

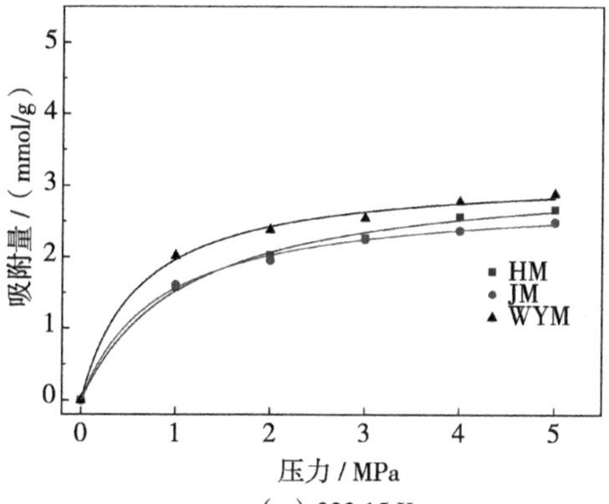

（c）333.15 K

图 4－4　不同温度 CH_4 等温吸附曲线

到 2 倍左右，其主要原因为 CO_2 的分子直径更小，更容易进入到煤体微孔中，同时，煤体对 CO_2 具有更强的吸附能力。然而，相较于 CH_4 吸附曲线，三种不同

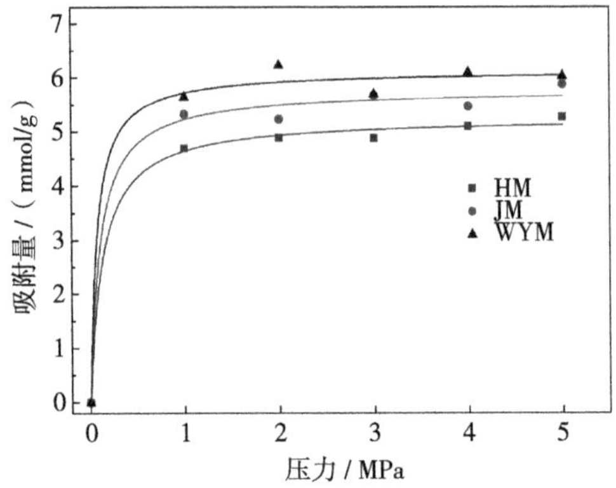

(a) 283.15 K

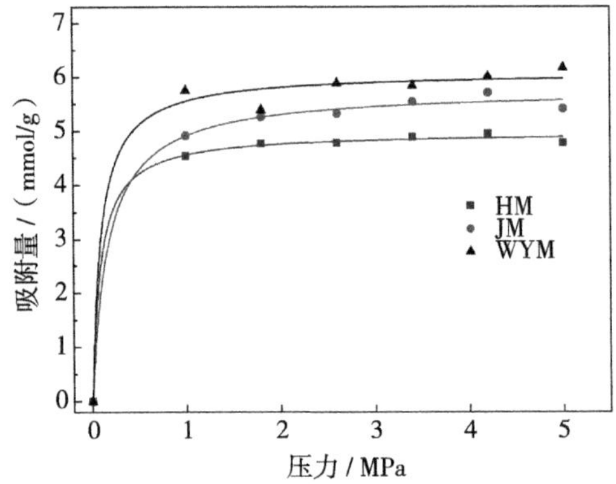

(b) 303.15 K

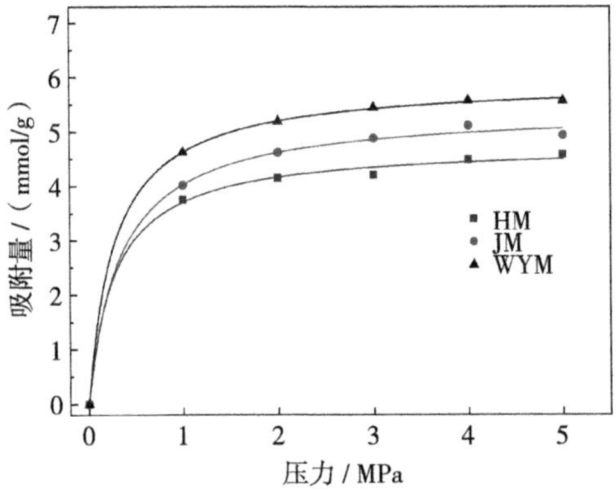

(c) 333.15 K

图 4-5　不同温度 CO_2 等温吸附曲线

变质程度煤体对 CO_2 的吸附特性差异更为显著，其中，不同温度及压力条件下的 CO_2 吸附量均为无烟煤＞焦煤＞褐煤，这一现象与 CH_4 的吸附特性存在较大差异。同时，不同煤体对 CH_4 及 CO_2 的吸附量变化趋势均为随压力升高不断增加，随温度升高而不断降低。表 4－2 中对 CO_2 吸附量的拟合相关参数中，拟合度均大于 0.99，证明了模拟结果的可靠性，同时，拟合参数中，a 随着变质程度增加而增加，随温度升高而降低，整体变化趋势与相关研究的实验结果保持一致。

表 4－2　单组分气体在不同温度、压力条件下等温吸附曲线 Langmuir 拟合结果

		CH_4			CO_2		
		a	b	R^2	a	b	R^2
283.15 K	HM	3.71	1.73	0.995 6	5.25	7.56	0.996 9
	JM	3.81	1.59	0.998 5	5.77	9.55	0.992 1
	WYM	3.89	3.46	0.991 6	6.13	13.99	0.991 7
303.15 K	HM	3.44	1.37	0.997 3	4.97	10.96	0.998 6
	JM	3.47	1.56	0.997 4	5.76	5.77	0.996 8
	WYM	3.64	2.1	0.995 5	6.08	10.47	0.990 2
333.15 K	HM	3.22	0.89	0.996 5	4.76	3.54	0.997 6
	JM	3.25	1.21	0.997 4	5.41	2.93	0.997 8
	WYM	3.36	1.64	0.996 2	5.93	3.56	0.999 8

4.2.3　煤基质单组分气体等量吸附热

CH_4 及 CO_2 等量吸附热变化规律如图 4－6 及图 4－7 所示，等量吸附热是描述气体分子与吸附剂间相互作用的重要参数，用于表征吸附过程中释放的能量大小，该参数受气固间相互作用及气体与气体间相互作用影响，是表征吸附系统能量变化规律的重要参数[168-169]。由于煤具有非均质性及各向异性，煤体孔隙分布特征较为多变，各个位置对应的性质存在差异。在吸附过程中，气体分子优先占据相互作用较强的位置，而当气体吸附数量不断增加时，壁面相互作用较强的区域首先被占据，导致气体出现多层吸附的情况，此时的相互作用便由气固间相互作用转向气体间相互作用。因此，对于气体间相互作用的描述可以依据等量吸附热变化进行相关分析。

关于等量吸附热的计算方法如式(4－24)所示：

$$(\ln p)_N = \frac{Q_{st}}{R} \times \frac{1}{T} + C \tag{4-24}$$

式中 R——理想气体常数，单位为 $m^3 \cdot Pa \cdot mol^{-1} \cdot K^{-1}$；

p——压力，单位为 Pa；

N——吸附质数量（气体负载量）；

T——温度，单位为 K；

Q_{st}——等量吸附热，单位为 kJ/mol；

C——常数[170]。

如图 4-6 及图 4-7 所示，CH_4 及 CO_2 的等量吸附热变化趋势基本一致，同时，根据 Xiang 等[171]的研究结果显示，当等量吸附热小于 42 kJ/mol(10.04 kcal/mol)时，吸附类型均属于物理吸附。显然，本书中 CH_4 的等量吸附热基本在 5.2～6.2 kcal/mol 左右，CO_2 的等量吸附热在 8～9.2 kcal/mol 左右，均属于典型的物理吸附。

图 4-6 中对应 CH_4 的等量吸附热变化趋势显著，不同变质程度煤的等量吸附热差异明显，即无烟煤＞焦煤＞褐煤，CH_4 等量吸附热与煤体变质程度成正比关系，同时，压力对等量吸附热的影响不显著。关于温度对等量吸附热的影响，除褐煤外，温度越高对应的等量吸附热数值越大，虽然褐煤的趋势为相反，但各温度条件下对应的等量吸附热差异并不明显，存在较多的重合点。由于等量吸附热受煤分子与气体相互作用及孔隙形态等多方面的因素的影响，因此，等量吸附热数值的整体趋势基本能够反映出煤分子对 CH_4 的吸附能力。

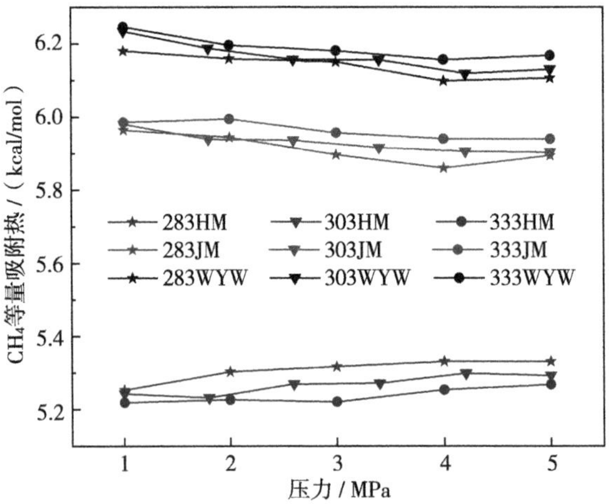

图 4-6　不同温度及压力条件下 CH_4 等量吸附热

图 4－7 中 CO_2 等量吸附热整体变化趋势基本为无烟煤＞焦煤＞褐煤，其中，焦煤的等量吸附热在 283.15 K 及 303.15 K 条件下与对应条件下的无烟煤等量吸附热相近。与 CH_4 等量吸附热变化趋势不同的一点在于，CO_2 的等量吸附热随温度升高呈现逐渐降低的趋势。

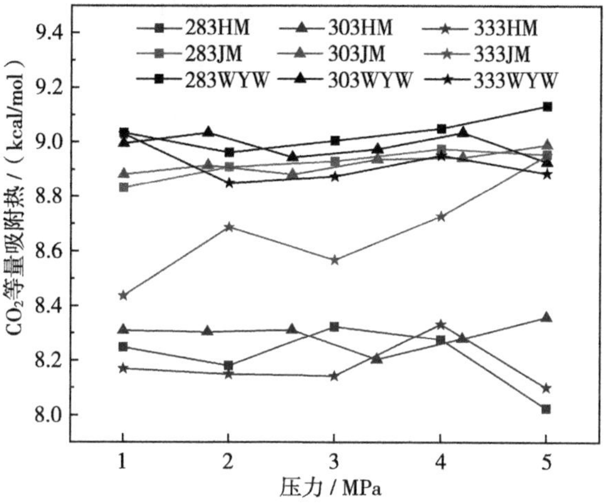

图 4－7　不同温度及压力条件下 CO_2 等量吸附热

4.3　煤基质双组分气体吸附差异

4.3.1　煤基质二元混合气体吸附特性差异

关于二元混合气体在煤体中吸附特性的研究，本书选取不同百分含量的 CH_4 及 CO_2 混合气体作为研究对象，探究二元混合气体在 283.15 K、303.15 K、333.15 K 温度条件下，1～5 MPa 范围内的气体等温吸附特性差异。本书中选取混合气体的摩尔比分别为 CH_4/CO_2＝0.9∶0.1、0.7∶0.3、0.5∶0.5、0.3∶0.7、0.9∶0.1。

图 4－8 为不同摩尔比 CH_4/CO_2 在不同温度和压力条件下对应的吸附量结果，表 4－3 为对应的 Langmuir 拟合参数，不同条件下对应的拟合度均大于 0.99，证明拟合结果正确。其中，当 CH_4/CO_2 的摩尔比为 0.1∶0.9 时，对应的甲烷吸附量接近于 0，因此，本书中仅给出对应摩尔比下的 CO_2 等温吸附拟合参数。在模拟温度及压力范围内，当 CO_2 体积分数由 0.1 增加至 0.9 时，二元

气体竞争吸附体系中 CO_2 的吸附量始终远高于 CH_4，同时，随 CO_2 所占比例增加，对应的 CH_4 吸附量也呈现不断下降趋势，上述结果表明 CO_2 具有显著的竞争吸附优势，此研究结果可为后期注气驱替提供理论依据。

由图 4－8 可知，不同温度及压力条件下无烟煤对应的 CH_4、CO_2 吸附量均为最高，同时，随着温度升高，不同变质程度煤体对应的气体吸附量不断降低。在各温度及压力条件下，不同摩尔比条件下对应的 CO_2 对应的吸附量均显著高于 CH_4 吸附量，表明 CO_2 具有显著的竞争吸附优势，这一结果与已有实验研究

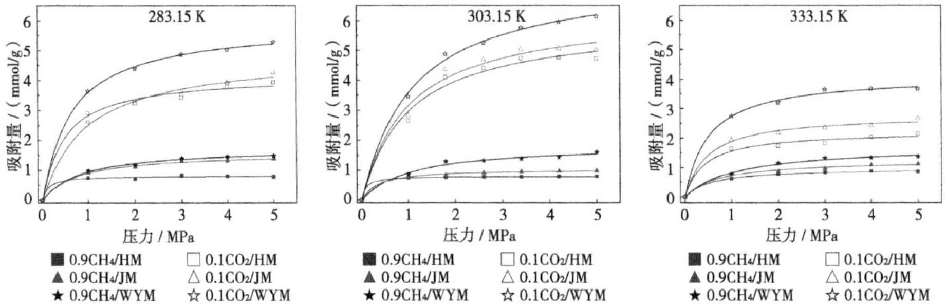

（a）$0.9CH_4+0.1CO_2$

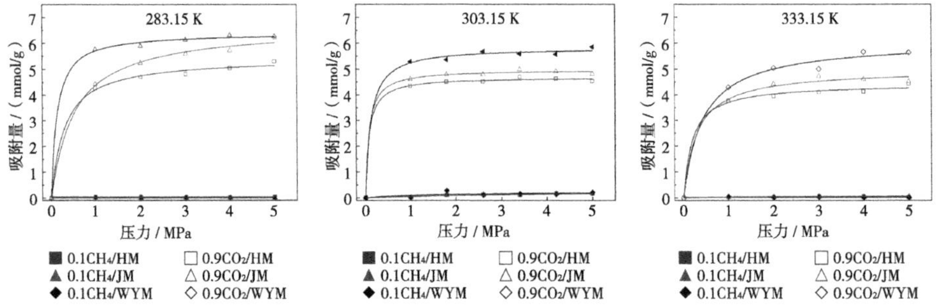

（b）$0.1CH_4+0.9CO_2$

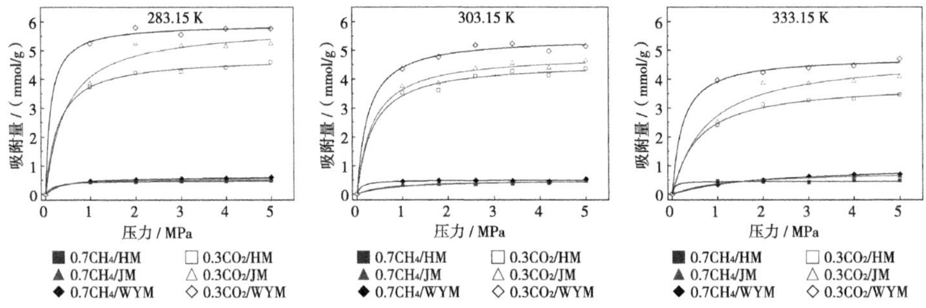

（c）$0.7CH_4+0.3CO_2$

图 4－8　不同摩尔比 CH_4/CO_2 在不同温度和压力条件下吸附量

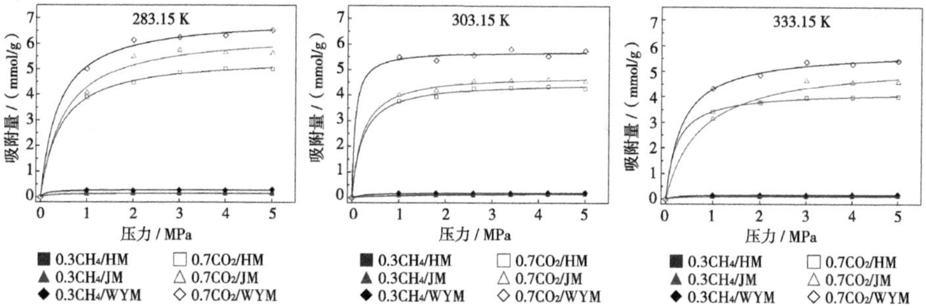

（d）$0.3CH_4+0.7CO_2$

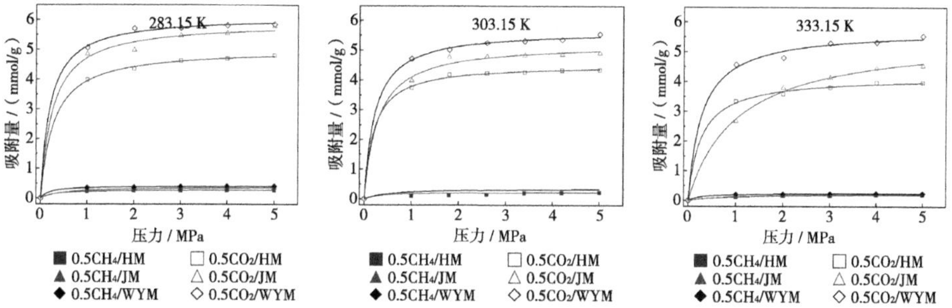

（e）CH_4+CO_2

图 4－8　（续）

表 4－3　不同摩尔比 CH_4/CO_2 在不同温度、压力条件下的 Langmuir 拟合结果

CH_4 ∶ CO_2 (283.15 K)		HM			JM			WYM		
		a	*b*	R^2	*a*	*b*	R^2	*a*	*b*	R^2
0.9∶0.1	CH_4	0.81	1.05	0.989 8	1.57	1.35	0.996 3	1.74	1.22	0.995 7
	CO_2	4.16	2.09	0.992 1	4.87	1.05	0.992 3	5.86	1.58	0.999 6
0.7∶0.3	CH_4	0.48	6.71	0.997 1	0.54	3.93	0.998 5	0.62	2.86	0.995 5
	CO_2	4.75	3.64	0.998 3	5.84	2.26	0.986 9	5.91	8.73	0.996 8
0.5∶0.5	CH_4	0.29	3.46	0.999 3	0.39	2.01	0.999 6	0.42	5.08	0.997 9
	CO_2	5.03	3.37	0.999 4	5.91	3.96	0.994 2	6.12	5.12	0.998 8
0.3∶0.7	CH_4	0.14	6.4	0.995 8	0.16	3.62	0.995 2	0.29	7.91	0.990 8
	CO_2	5.48	2.37	0.999 1	6.45	1.97	0.987 5	7.03	2.65	0.997 2
0.1∶0.9	CH_4	—	—	—	—	—	—	—	—	—
	CO_2	5.43	3.41	0.996 8	6.64	1.92	0.996 5	6.64	1.92	0.996 5

表4-3(续)

CH_4 : CO_2 (303.15 K)		HM			JM			WYM		
		a	*b*	R^2	*a*	*b*	R^2	*a*	*b*	R^2
0.9 : 0.1	CH_4	0.79	11.94	0.999 4	1.04	2.82	0.996 8	1.85	0.96	0.983 9
	CO_2	5.95	0.98	0.983 5	6.31	0.99	0.982 4	7.56	0.89	0.997 3
0.7 : 0.3	CH_4	0.5	1.11	0.945 1	0.5	1.41	0.962 6	0.5	1.14	0.979 1
	CO_2	4.57	2.94	0.991 3	4.86	2.93	0.991 5	5.45	4.16	0.994 3
0.5 : 0.5	CH_4	0.23	3.02	0.993 3	0.36	0.33	0.982 9	0.37	1.81	0.979 2
	CO_2	4.54	5.06	0.999	5.24	3.61	0.995 3	5.69	4.64	0.999 1
0.3 : 0.7	CH_4	0.17	0.71	0.915 4	0.18	1.06	0.987 5	0.21	3.38	0.991 6
	CO_2	4.52	4.61	0.997 6	4.83	4.61	0.997 6	5.74	16.05	0.995 7
0.1 : 0.9	CH_4	—	—	—	—	—	—	—	—	—
	CO_2	4.68	13.14	0.998 5	4.97	13.14	0.998 5	5.83	8.74	0.997 1
CH_4 : CO_2 (333.15 K)		HM			JM			WYM		
		a	*b*	R^2	*a*	*b*	R^2	*a*	*b*	R^2
0.9 : 0.1	CH_4	0.97	1.74	0.997 8	1.26	1.34	0.986 5	1.72	0.92	0.993 2
	CO_2	2.21	2.36	0.983 6	2.78	2.08	0.992 5	4.1	1.99	0.996 6
0.7 : 0.3	CH_4	0.45	23.34	0.975 8	0.79	0.82	0.985 6	1.02	0.49	0.993 3
	CO_2	3.84	1.78	0.996 9	4.79	1.32	0.978 9	4.87	4.52	0.997 5
0.5 : 0.5	CH_4	0.23	1.01	0.991 4	0.24	1.02	0.964 6	0.25	3.73	0.995 1
	CO_2	4.16	3.76	0.998 2	5.53	0.99	0.998 5	5.73	3.55	0.995 8
0.3 : 0.7	CH_4	0.11	4.33	0.981 4	0.14	2.15	0.996 8	0.18	4.03	0.986 4
	CO_2	4.19	4.4	0.999 6	5.39	1.35	0.988 9	5.8	2.86	0.997 6
0.1 : 0.9	CH_4	—	—	—	—	—	—	—	—	—
	CO_2	3.22	0.89	0.996 5	2.87	1.21	0.997 4	3.16	1.64	0.996 2

结果一致[172-174]。通过比较不同 CH_4/CO_2 摩尔比对应的气体吸附量可知，随着 CH_4 在混合气体中所占比例的降低，对应的 CH_4 吸附量变化显著，其中，除 CH_4 占比 90%以外，其余占比条件下对应的吸附量均接近于 0，由此可见，向煤层中注入 CO_2 进行 CH_4 驱替时，随着注入 CO_2 浓度的增加，对应的 CH_4 的解吸量逐渐增加，但当 CO_2 摩尔比大于 10%时，驱替置换的效果基本相近。

4.3.2 煤基质二元混合气体竞争吸附规律

为进一步明确不同变质程度煤体中气体的竞争吸附规律，本节分别计算了

1～5 MPa，283.15 K、303.15 K 及 333.15 K 条件下三种煤样对应的 CH_4/CO_2 选择吸附系数，结果如图 4-9、图 4-10、图 4-11 所示。由图中选择系数的变化趋势可知，随温度升高，不同变质程度煤体中气体的选择吸附性逐渐减弱，表明较高的温度不利于竞争吸附的进行。同时，不同温度及压力条件下，不同变质程度煤体中 CH_4/CO_2 的选择吸附性均随 CO_2 所占摩尔比的增加而逐渐减小，由此可知，较高的 CO_2 含量并不利于 CO_2 相对于 CH_4 的竞争性。

通过对比不同变质程度煤体 CH_4/CO_2 竞争吸附特性的变化规律可知，随着煤体变质程度的增加，CO_2 摩尔比对竞争吸附的影响逐渐显著。其中，当温度为 283.15 K 时，对应 CO_2 所占摩尔比大于 0.5 条件下的褐煤及焦煤在不同温压条件下的选择吸附系数基本维持在 15 左右，而无烟煤在 CO_2 摩尔比大于 0.5 时，对应的 CO_2/CH_4 的选择吸附系数分别为 15 及 9。由此可见，由于煤体大分子结构不同，导致煤体对于气体的选择吸附性也存在不同程度的差异，高变质程度煤分子较低变质程度煤分子对于 CO_2 的吸附优势更加显著。由于不同变质程度煤体中 CH_4/CO_2 的选择吸附特性差异，根据选择吸附系数的变化规律可以初步判定，三种煤样在 303.15 K(30 ℃)、2～4 MPa 环境条件下，当 CH_4/CO_2 摩尔比为 0.9∶0.1 时，CO_2 对 CH_4 的竞争吸附优势最为显著。

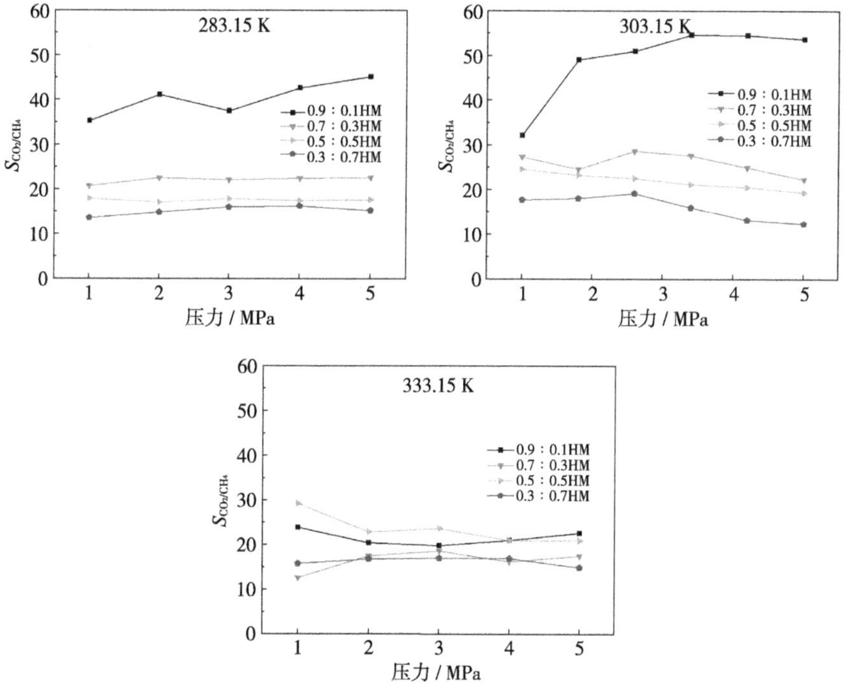

图 4-9　不同条件下褐煤中不同摩尔比 CO_2/CH_4 选择吸附系数(S_{CO_2/CH_4})

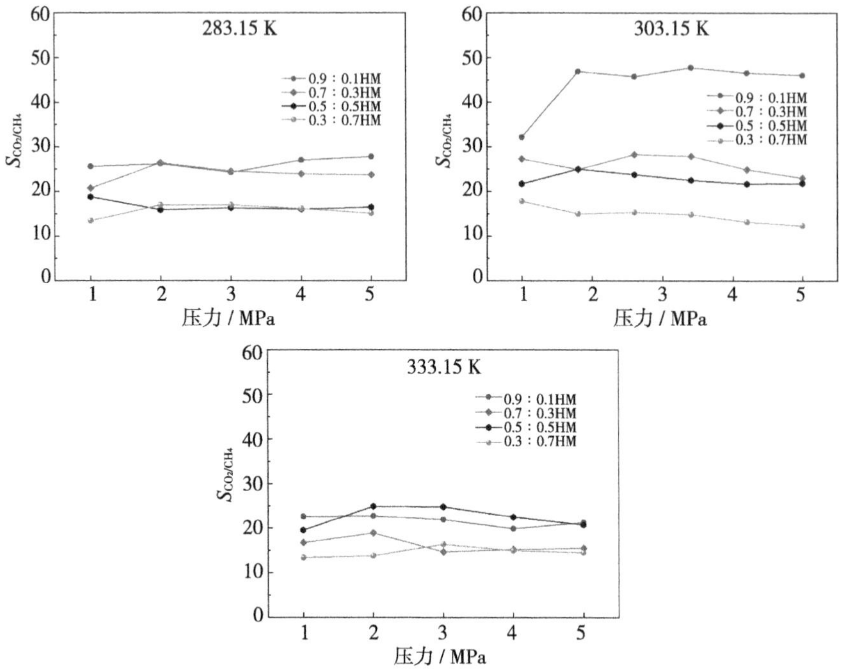

图 4-10　不同条件下焦煤中不同摩尔比 CO_2/CH_4 选择吸附系数（S_{CO_2/CH_4}）

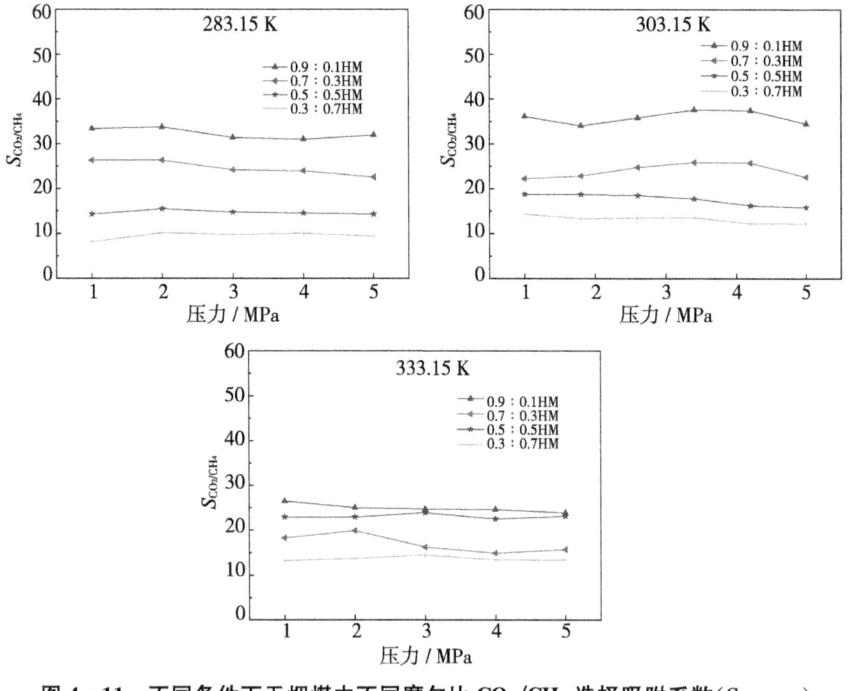

图 4-11　不同条件下无烟煤中不同摩尔比 CO_2/CH_4 选择吸附系数（S_{CO_2/CH_4}）

4.3.3　煤基质二元混合气体等量吸附热

等量吸附热为吸附过程中释放的能量，其大小受气固间相互作用及气体与气体间相互作用共同影响。由于煤分子具有非均质性，煤中的孔隙分布及对应的壁面化学性质均存在不同程度差异，在吸附过程中，气体分子首先吸附在相互作用较强的位置，因此，当吸附的气体分子数量增加时，对应的气固间相互作用强度降低，反之，气体之间的相互作用强度增加。基于上述两种相互作用的影响，本书针对煤基质对不同气体的等量吸附热进行分析。

综合分析图 4 - 12 及图 4 - 13 中不同摩尔比条件下对应 CH_4、CO_2 等量吸附热可知，等量吸附热受温度的影响并不显著，其中，随着温度升高，褐煤对应

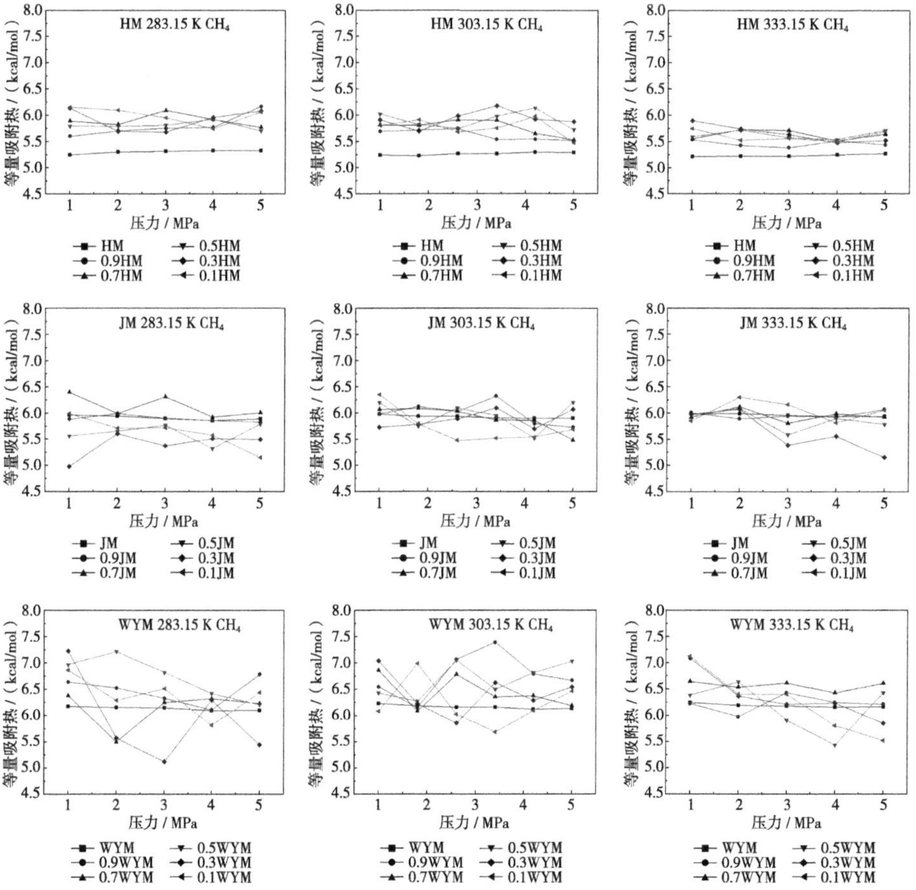

图 4 - 12　不同摩尔比 CO_2/CH_4 对应 CH_4 等量吸附热

的等温吸附热略有降低，焦煤及无烟煤等量吸附热变化微小。整体来看，三种变质程度不同的煤样对应的 CH_4 等量吸附热分别为褐煤 5.5～6 kcal/mol、焦煤 6～6.5 kcal/mol、无烟煤 6.5～7 kcal/mol，对应的 CO_2 等量吸附热分别为褐煤 8.6～9.1 kcal/mol、焦煤 8.1～8.4 kcal/mol、无烟煤 8.9～9.2 kcal/mol，等量吸附热随变质程度增加而增加且各条件下对应的 CO_2 等量吸附热均大于 CH_4，即煤体对 CO_2 较 CH_4 具有更强的吸附能力[175]，随着变质程度的增加，气体与煤基质间对应的相互作用能增强，上述结果与吸附量的整体变化趋势相一致。

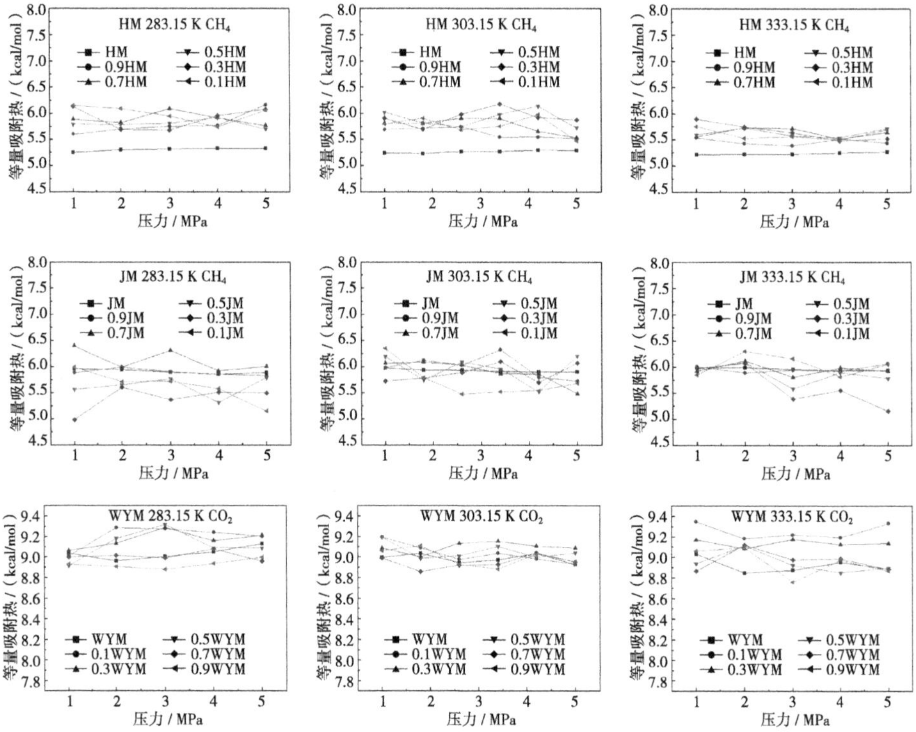

图 4-13 不同摩尔比 CO_2/CH_4 对应 CO_2 等量吸附热

关于褐煤在不同摩尔比条件下对应 CH_4、CO_2 等量吸附热均高于纯 CH_4 及纯 CO_2 对应的等量吸附热，主要原因为，由于煤体变质程度较低导致对应的吸附量较少，对应的少量气体与气体及气体与固体之间的相互作用增强，上述结果与已有研究结果一致[176]。对于焦煤，不同条件下对应的 CH_4、CO_2 等量吸附热基本都低于纯 CH_4 及纯 CO_2 对应的等量吸附热，同时，气体摩尔占比与等量吸附热间基本为正相关关系。无烟煤对应的 CH_4、CO_2 等量吸附热均高于纯气体状态，基本在纯气体等量吸附热曲线附近波动且略高于纯气体，主要原因为，相较于纯气体吸附，不同摩尔比条件下的对应 CH_4 和 CO_2 混合气体的吸附量均小于纯气体，导致相互作用增强，对应的等量吸附热增加。

4.4　本章小结

本章基于第 3 章构建的三种变质程度不同的煤大分子结构模型，构建更符合实际情况的煤基质模型，分别研究了三种不同变质程度煤体对应的单一组分及 CH_4、CO_2 二元混合组分吸附特性差异，研究结果如下：

① 单组分 CH_4、CO_2 在煤基质中的吸附符合 Langmuir 吸附模型，同时，随着变质程度的增加，对应的单组分气体吸附量呈不断增加趋势，即无烟煤＞焦煤＞褐煤，且煤基质对 CO_2 的吸附能力显著强于 CH_4。

② 明确了不同变质程度煤体对单组分气体的等量吸附热变化趋势，CH_4 等量吸附热与煤体变质程度成正比关系，同时，压力对等量吸附热的影响不显著，除褐煤外，温度越高对应的等量吸附热数值越大，CO_2 的等量吸附热随温度升高呈现逐渐降低的趋势。

③ 阐明了不同摩尔比 CH_4/CO_2 气体在煤基质中的吸附规律，混合气体吸附量随变质程度增加而不断增加，随温度升高而降低。不同摩尔比条件下对应的 CO_2 吸附显著高于 CH_4 吸附量，同时，随 CH_4 在混合气体中所占比例的降低，对应的 CH_4 吸附量减少。除 CH_4 摩尔占比为 0.9 外，其余混合组分中 CH_4 的吸附量均极低且接近于 0，即随 CO_2 注入量增加，对应的 CH_4 解吸量增加，但当混合气体中 CO_2 所占摩尔比大于 0.2 时，竞争吸附优势不明显。

④ 明确了 CH_4/CO_2 混合气体吸附过程中的气体选择系数变化规律，气体选择吸附性随温度升高逐渐减弱。不同温度及压力条件下，不同变质程度煤体中 CH_4/CO_2 的选择吸附性均随 CO_2 所占摩尔比的增加而逐渐减小。可以初步判定，303.15 K(30 ℃)、2～4 MPa、0.1∶0.9 的 CH_4/CO_2 摩尔比更有利于 CO_2 对 CH_4 的竞争吸附。

⑤ 揭示了二元混合气体吸附过程中的等量吸附热变化规律，等量吸附热受温度的影响不显著，褐煤在不同摩尔比条件下对应 CH_4、CO_2 等量吸附热均高于纯 CH_4 及纯 CO_2 对应的等量吸附热，焦煤在不同摩尔比条件下对应 CH_4、

CO_2 等量吸附热均略低于纯 CH_4 及纯 CO_2 对应的等量吸附热，不同摩尔比下焦煤对应的等量吸附热变化不显著。无烟煤在不同摩尔比条件下对应 CH_4、CO_2 等量吸附热均高于纯 CH_4 及纯 CO_2 对应的等量吸附热，其等量吸附热曲线基本在纯气体等量吸附热曲线附近波动且略高于纯气体。由上述现象可以发现，吸附量不完全受等量吸附热控制，还与其吸附空间等因素有关。

第5章 煤体纳米孔隙结构模型构建

煤体纳米孔隙作为甲烷的主要赋存场所，甲烷的运移及扩散也主要在孔隙通道中进行。已有研究结果表明，煤体孔隙中微孔所占的比例较高，同时，微孔也是甲烷主要赋存场所[177-179]，由于微孔中甲烷自由移动空间较小，导致其中原本处于吸附状态的甲烷较难解吸，因此，从微观层面分析微孔中甲烷的流动机理对于分析其解吸难这一问题具有重要意义。为此，本节基于第4章构造的3种煤基质模型，结合煤体纳米孔隙测试结果，分别构建不同孔径微孔结构模型。该模型将用于后续对比分析不同变质程度煤体孔隙中单组分气体及双组分气体竞争吸附机理，通过吸附量、吸附能、气体浓度、扩散系数、选择吸附系数等多个方面分析煤基质化学结构对微孔气体吸附及流动特性的影响机理，从而为实际生产中提高微孔甲烷抽采效率提供理论指导。

5.1 煤体纳米孔隙甲烷流动机理分析

关于甲烷在煤体纳米孔隙中的运移过程主要包含以下几个过程，首先，致密煤层通过高压水及高压气体实现其初步压裂，随着压裂的进行，孔隙不断延展导致煤体渗透率增加，孔隙压力降低，处于吸附态的瓦斯逐渐解吸变为游离态；其次随着解吸的不断进行，甲烷由微孔不断向外扩散，在孔道中出现聚集导致孔道中的压力增加；最后甲烷在孔道中不断聚集，沿裂隙运移至地面[180-181]。由于煤体中纳米孔存在势能的影响，因此，纳米孔中气体的流动特性与宏观裂隙中的流动存在较大差异，导致纳米孔中气体的赋存状态也存在较大差异，最终体现在微孔中赋存大量瓦斯。因此，结合已有研究成果探究孔隙中的气体赋存及流动状态对于实现瓦斯的高效抽采具有重要意义。

当甲烷吸附在孔隙表面时，首先会发生气体的扩散，扩散后的气体经基质表面运移至孔口位置，随后在小孔内进行扩散，经过一段时间的运移后达到稳定吸附状态。基于此，等温吸附的过程如下：甲烷分子在基质表面扩散（气膜运移）；甲烷分子以气态在微孔中扩散（孔内运移）；甲烷分子以吸附态附着于孔壁并做不离开孔道的简单运移(表面运移);靠近孔壁的甲烷分子吸附在孔壁上(孔壁吸附)。根据上述气体赋存状态的分析可以初步建立煤体孔隙中的甲烷流动物理模型并分析其相关力学特性及影响因素,最终得到煤体孔隙甲烷的流动机理。

甲烷在孔隙中的流动是极其复杂的,因此,在对孔隙甲烷的运移情况进行分析时,首先需要了解甲烷在纳米孔中的受力情况。关于纳米孔内甲烷受力情况的假设如下:假定煤孔隙结构为圆柱形,孔内的流动状态为层流,孔内外压差恒定,气体仅沿孔道流动且为不可压缩流体。已有研究表明,煤孔隙结构极其复杂,孔径分布范围较广[182-183],因此,在本书中假设煤基质中的孔隙是由不同孔径组合构成的。吸附初期,甲烷分子经基质表面进入煤体裂隙,这一阶段由于裂隙中的自由空间较大,对应的扩散阻力较小,扩散系数较大;随着气体的不断移动,煤基质内部的甲烷逐渐向基质表面扩散,甲烷运移距离增加,运移阻力增加,导致扩散系数减小。同时,当环境压力较高时,较高的压力将导致煤基质被压缩,从而导致甲烷的扩散系数减小。关于煤体孔隙甲烷流动的物理模型(简化模型)如图 5-1 所示。

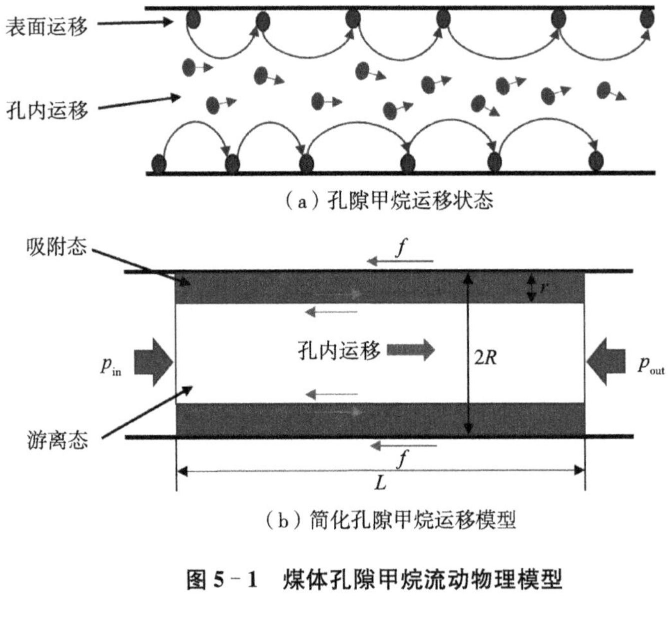

图 5-1　煤体孔隙甲烷流动物理模型

关于图 5-1 中相关假设的描述如下:假设煤基质中的孔隙为圆柱形结构,孔隙长度为 L,孔隙半径为 R,孔隙内甲烷的扩散沿孔轴线进行。如图 5-1(a)

所示，煤孔隙中的甲烷赋存状态为吸附态及游离态两种，游离态甲烷为自由扩散，吸附态甲烷为表面扩散。为简化计算，本书中将相关瓦斯运移特性简化，如图 5－1(b)所示，孔隙中处于游离态的甲烷始终被假定为位于孔中心的圆柱结构，吸附态甲烷为空心圆柱结构，圆柱壁厚为 r。关于气体运移的推动力主要是由于压差的作用，沿运移方向受到内部瓦斯压力的推动作用及孔隙外的大气压力阻止作用，同时，吸附态与游离态瓦斯之间及吸附态瓦斯与孔壁之间存在黏滞阻力及摩擦阻力相互作用。

假定的孔隙长度为 L，而孔隙通道口与外界交汇处存在阻力的影响，因此，当甲烷分子与外界分子发生碰撞时将会导致甲烷分子产生运动冲量，从而在较短的时间内达到扩散平衡，即当运动距离大于孔隙长度时可以判定扩散终止。同时，当甲烷在较大孔隙中扩散时，由于处于吸附态及游离态甲烷的扩散是同时进行的，导致整个孔隙中的扩散通量增加。当孔隙吸附作用较强时，对应的游离甲烷量增加，其对应的密度增加，扩散通量增加。煤体中甲烷的扩散包含游离态甲烷的体积扩散和吸附态甲烷的表面扩散，扩散系数可以认为是上述两部分的和，主要受煤基质类型、孔径及孔径压力等因素的影响。因此，在微孔中的甲烷主要为吸附态形式存在，其扩散以表面扩散为主，对应的体积扩散较少，最终导致整个扩散周期较长。

5.2　煤体纳米孔隙孔径分布测定

煤作为典型多孔介质，根据 IUPAC 分类标准，存在大量微孔、中孔及大孔结构[47,184-185]。伦嘉云等[88]通过压汞、低温氮吸附及扫描电镜等相关测试结果，对不同变质程度煤体孔径分布情况进行了初步分析。研究结果表明，不同变质程度煤样中均含有大量 1 nm 以下微孔，其次含量最高的为 5～10 nm 的中孔，大孔所占比例较少。张开仲等[47]通过对煤中孔隙网络结构特征的形态学、拓扑学和几何学表征分析后发现，瓦斯在煤多级孔隙中的赋存及流动具有显著差异性，而微孔填充是现阶段瓦斯的主要赋存形式，其中，小于 1.5 nm 的孔隙作为填充孔在煤基质中占比可达 90％，1.5～100 nm 的扩散孔是填充与渗流通道的桥梁，瓦斯依靠压力差实现传质过程。邓泽等[77]借助多种孔隙表征方法对煤岩及页岩的孔径分布特征进行综合分析，明确了二者孔隙结构差异的原因，同时对甲烷在储层中的赋存及运移机理进行研究，研究结果表明，煤岩甲烷以吸附态为主且存储于小于 5 nm 的孔隙中，其对应的孔隙连通性较好，指出微孔吸附气的解吸是实现煤层气高效开发的关键。综上所述，微孔在吸附过程中占据重要位置，进一步细化纳米孔隙中气体赋存及流动机制是实现瓦斯高效抽采的重要理论依据。基于此，依据相关实验测试结果明确煤体纳米孔隙分布特征并构建对应的纳米孔隙分子模型是实现后续相关气体赋存及流动特性研究的基础。

本书基于低温氮吸附测试结果对煤体孔径的分布情况进行了进一步明确，已有研究表明，低温液氮吸附实验可用于测定孔径小于 10 nm 的孔隙分布情况，可以表征的孔径范围最小为 0.6 nm，最大可达 100～150 nm。基于此，本书中选择低温液氮吸附进行煤体纳米孔隙孔径分布测定是可行的。

低温氮吸附的主要原理如下[45,186-189]。当气体分子与煤表面发生碰撞时，一部分气体分子由于强相互作用附着于煤表面，在此过程中伴随着热量的产生。当外界环境发生变化时，气体分子将会克服煤表面的自由能，进而离开煤表面，这一过程即为脱附。在外界温度恒定的条件下，当气体的脱附速率等于气体的吸附速率时即达到吸附平衡状态，这时吸附量与压力之间存在一定关系。其中，当气体在煤表面的吸附属于单层吸附时，吸附量可以由 BET 理论模型计算，此时对应的煤体孔隙表面积如式(5-1)、式(5-2)所示。

$$V/V_{\mathrm{m}}=\sum_{i=0}^{i\to\infty} iS_i \Big/ \sum_{i=0}^{i\to\infty} S_i \tag{5-1}$$

$$V=\frac{V_{\mathrm{m}}Cp}{(p_0-p)[1+(C-1)p/p_0]} \tag{5-2}$$

式中 V——吸附体积；

p——压力；

p_0——饱和蒸气压；

C——常数；

V_{m}——单分子层气体吸附量；

i——吸附分子层数；

S_i——吸附气体分子覆盖的面积。

本书中煤体孔径分布测试在太原理工大学无通风绿色开采实验室进行，采用金埃谱 V-Sorb X800 比表面及孔径分析仪完成相关测试，在测试前首先将煤样品粉碎，选取煤样粒径为 60～80 网目的样品 3 g，将样品在干燥箱中预先烘干 12 h 用于后续实验。关于高低阶煤的实验方法不同，其中，低阶煤(褐煤)

真空干燥温度设定为 105 ℃，干燥时间为 2 h，脱气温度设定为 110～120 ℃，脱气时间为 12 h；高阶煤（焦煤、无烟煤）真空干燥温度设定为 105 ℃，干燥时间为 2 h，脱气温度设定为 150 ℃，脱气时间为 12 h；整个测试过程均由计算机自动控制完成，最终可得到实验样品的比表面积、孔隙体积及孔径分布等结果。

本书基于已有研究成果分别对三种煤样液氮吸附后的孔容及孔面积进行分析，根据孔径分布相关规律确定后续研究中的模型孔径尺度。孔径分布基于实验仪器本身自带的软件得到，本书中选取的计算方法为 BJH（Barrett-Joyner-Halenda）计算方法[190]。在 BJH 方法中，假定气体孔隙结构均为两段开口的圆柱形孔，各个孔之间不相交。基于此，可以根据氮气脱附曲线计算出对应的孔径分布及孔体积分布。BJH 方法基于 Kelvin 方程[191]，具体计算过程如下：

首先基于式（5－3）计算 Kelvin 半径：

$$r_k = \frac{2\gamma V_m}{RT\ln\left(\frac{p}{p_0}\right)} \tag{5-3}$$

式中　γ——表面张力；

V_m——液体摩尔体积；

R——气体常数；

T——温度；

p——液滴饱和蒸气压；

p_0——液面饱和蒸气压。

其中，煤孔半径等于 Kelvin 半径与吸附层平均厚度之和[192]，具体计算方式如式（5－4）所示：

$$r_p = r_k + t \tag{5-4}$$

式中　r_p——煤孔半径；

t——吸附层平均厚度。

吸附层平均厚度的计算方式如式（5－5）所示：

$$t = t_m \frac{n}{n_m} \tag{5-5}$$

式中　t_m——低温氮吸附单吸附层厚度，此处取 0.354 nm；

$\frac{n}{n_m}$——特定压力条件下的吸附层层数。

综上可得 BJH 的计算方程，如式（5－6）所示：

$$\Delta V_j = R_j\left[\Delta v_j - (t_{j-1} - t_j)\sum_{i=1}^{j-1} C_i A_i\right] \tag{5-6}$$

式中 ΔV_j ——实验组孔体积；

Δv_j ——实验组脱附体积。

关于不同变质程度煤样的孔面积与孔容变化如表 5 - 1 和表 5 - 2 所示，其中，焦煤在三种煤样中对应的<10 nm 及 10～100 nm(微孔及中孔)对应的孔容及孔面积均为最低，这一结果与刘彦伟等人的研究结果相一致[193]。

表 5 - 1 低温液氮比表面积孔径测试结果(孔面积)

煤样	孔面积/(cm^2/g)				孔面积占比/%		
	<10 nm	10～100 nm	100～1 000 nm	总和	<10 nm	10～100 nm	100～1 000 nm
无烟煤	4.950 7	0.638 6	0.074 2	5.663 5	87.41	11.28	1.31
焦煤	0.707 7	0.180 8	0.135 8	1.024 3	69.1	17.7	13.3
褐煤	4.187 8	0.869 5	0.051 8	5.109 1	82	17	1

表 5 - 2 低温液氮比表面积孔径测试结果(孔容)

煤样	孔容/($\times 10^{-4}$ mL/g)				孔容占比/%		
	<10 nm	10～100 nm	100～1 000 nm	总和	<10 nm	10～100 nm	100～1 000 nm
无烟煤	50.41	32.69	22.85	109.95	45.85	33.37	20.78
焦煤	6.85	13.83	50.62	71.3	9.61	19.39	71
褐煤	42.82	52.27	20.91	116	36.9	45.1	18

根据图 5 - 2 与图 5 - 3 的孔容及孔面积变化曲线可以发现，在不同煤阶中微孔的孔容及孔面积均为最大，同时，除焦煤外高煤阶对应的孔面积及孔容均为最大，即微孔贡献大多数的孔面积，从而更加利于瓦斯的吸附。

图 5 - 4 为不同变质程度煤样孔径分布情况，其中，纵坐标为对应孔径下的孔数量变化情况，y 轴对应数值越大即对应孔径的孔数量越多。根据已有研究成果，微分孔容越大对应孔径孔数量越多、孔长较长、孔容较大、瓦斯吸附量较多，对应其他孔径则孔容较小，瓦斯吸附量较少[194]。由图 5 - 4 可知，三种不同变质程度煤样中的孔径分布主要以 10 nm 以下的微孔为主，即微孔最为发育。不同变质程度煤样的微分孔容曲线均为双峰形态，当微分峰越尖且峰强度越高时即对应孔径中的峰数量最多，综上，三种煤样中微孔最为显著且孔径为 2～4 nm 的微孔数量最多。

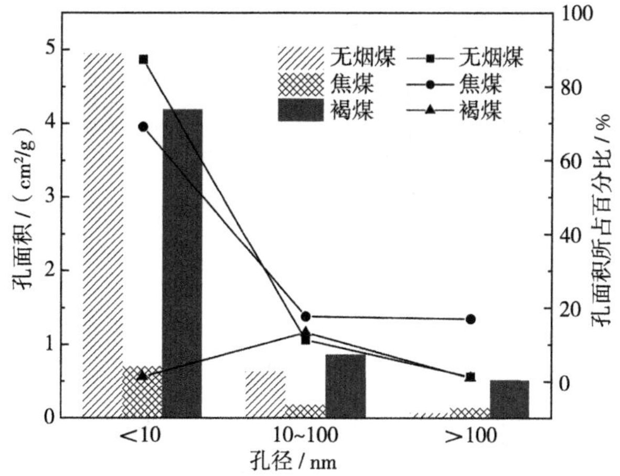

图 5-2　不同变质程度煤样孔面积随平均孔径变化曲线

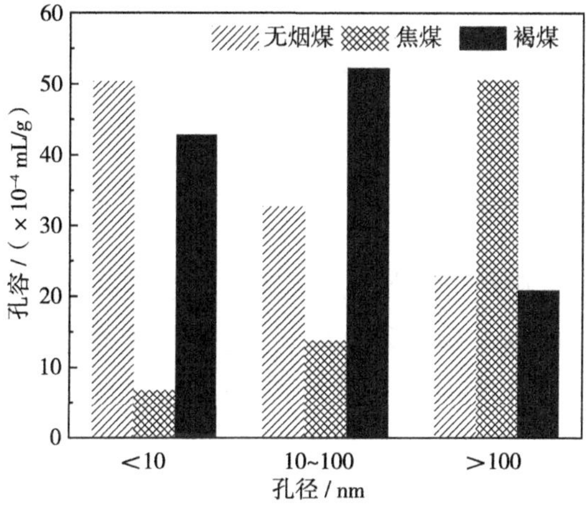

图 5-3　不同变质程度煤样孔容随平均孔径变化曲线

结合孔容、孔面积、微分孔容分析结果，煤中甲烷吸附主要在微孔中发生，同时，微孔中的孔径主要以 2～4 nm 为主。基于此，本章基于第 4 章构建的煤大分子结构模型构建不同壁面结构的 4 nm 煤体孔隙结构模型用以进行相关吸附特性研究，从而得到对应的纳米孔隙气体流动机理。关于本章中不同孔径对应的甲烷吸附及流动机理研究分别选取 1 nm、2 nm、4 nm 孔径进行吸附模拟。

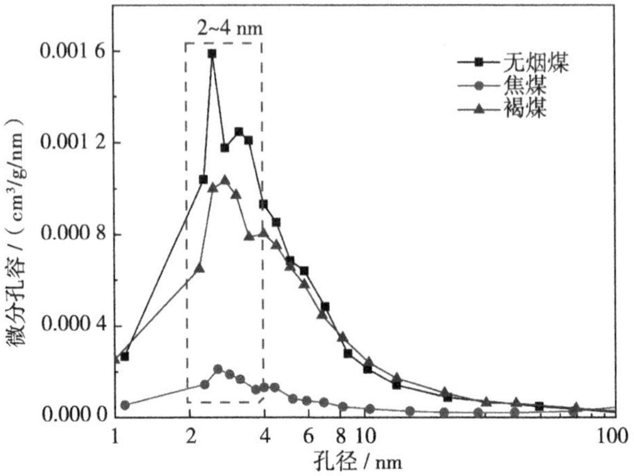

图 5-4　不同变质程度煤样孔径分布曲线图

5.3　煤体纳米孔隙模型构建

5.3.1　模型构建方法

为真实反映煤孔隙结构形态，分别将第 4 章构建并优化完成的 5 个塔山煤矿褐煤分子，5 个西山煤矿烟煤分子及 5 个赵固煤矿无烟煤分子放入空盒子中并添加周期性边界条件，构建出煤的无定形大分子结构模型。构建完成的模型结构均通过几何优化、退火动力学实现全局能量的最小化，然后，将晶胞扩展成 $2\times1\times2$ 的超胞，通过 Build Layer 添加 4 nm 真空层用于模拟煤孔隙结构，得到孔隙结构模型后分别对三种不同变质程度孔隙结构模型进行结构优化、模拟退火、动力学计算，将最终得到的孔隙结构模型密度与第 4 章构建的煤基质结构模型密度进行对比分析，体系能量最低时对应的密度分别为 1.25 g/cm^3、1.30 g/cm^3 及 1.41 g/cm^3，上述数值均与已有研究结果相近。由此可知，优化后的煤孔隙空间结构合理。

构建的煤孔隙结构模型如图 5-5 所示。在模型构建过程中，为定量对比孔隙表面结构对气体赋存特性的影响，研究过程中对三种不同变质程度煤体孔隙模型的尺寸进行限定，设置晶胞的长、宽值为恒定值，仅对其高度值进行调整以设定孔径尺寸。本书中主要对比孔壁特性对气体吸附及流动的影响，因此，为确保模拟结果可以有效反映孔径及壁面的影响需要在整个计算过程中保证模型的尺寸不发生变化。

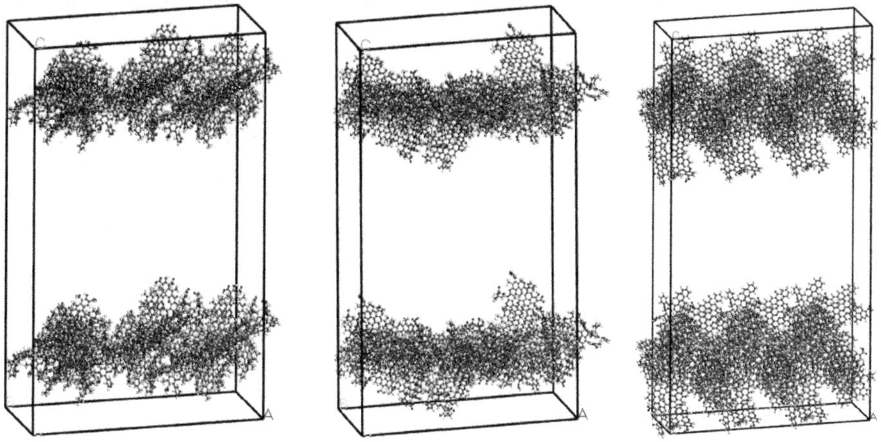

（a）塔山褐煤模型　（b）西山焦煤模型　（c）赵固无烟煤模型

图 5-5　煤孔隙(4 nm)结构模型

5.3.2　模拟算法及参数设置

在进行分子模拟前，首先需要依据研究对象的物理化学特性及结构特征选定适合的力场，力场是进行模拟运算的核心，其中，COMPASS Ⅱ力场常被用于有机分子及无机分子的模拟，该力场能够较为准确地预测分子及聚合物的性质，关于 COMPASS Ⅱ力场的相关计算原理已在 2.3.1 节进行详细阐述，本节不再赘述。同时，已有大量研究学者发现 COMPASS Ⅱ力场可以用于模拟气体小分子在煤、页岩等大分子中的吸附及扩散性质。对于甲烷在煤孔隙中的吸附，通过 GCMC 方法模拟吸附过程，主要通过 Amorphous cell、Forcite、Sorption 三个模块完成相关计算任务，具体计算方案如下：

① 首先需要对 5.3.1 节中构建的煤体孔隙结构进行几何优化，实现煤体孔隙结构的能量最小化。几何优化通过 Forcite 模块中的 Geometry optimization 功能实现，结构优化的计算方法为 Smart，范德瓦尔斯能的计算基于 Atom based 法，截断半径为 12.5 Å，静电相互作用能计算基于 Ewald 进行计算，计算精度为 4.18×10^{-4} kJ/mol，旋转、平移的最大幅度分别为 5°、1 Å。

② 完成几何优化后需要对得到的能量最小化结构进行退火(Anneal)以获

得更加稳定的化学结构，将几何优化后的结构在正则系综下进行 10 次退火循环，设置的温度范围为 300～700 K，温度控制设置为 Nose 恒温器，压力控制为 Berendsen 恒压器，关于静电相互作用能及范德瓦尔斯能的计算方法设置与结合优化中的设置方式保持一致。

③ 基于退火得到的能量最低构型对其进行动力学弛豫，基于等温等压系综进行能量及结构优化，其中，动力学总时间为 1 000 ps，时间步长设置为 1 fs。最终结果需实现密度收敛，能量曲线处于稳定状态，最终得到的煤体孔隙结构即可被认为结构最为稳定，能量最低，此过程中得到的平均密度值可与实验数据进行对比用于确定模型的合理性。

④ 完成煤体孔隙结构的几何优化、退火、弛豫操作后便可继续开展后续吸附研究。其中，用于吸附计算的吸附质分子需在计算前完成对应的能量最小化及结构优化操作。

⑤ 关于吸附模拟的相关操作通过 Sorption 模块中的 Adsorption isotherm 及 Fixed pressure 功能实现，吸附压力介于 1～5 MPa，温度分别设置为 283.15 K、303.15 K、333.15 K，模拟加载至平衡步数为 1×10^6 步，生产步数为 1×10^6 步。构型计算方法为 Metropolis 法，电荷计算方法为 Forcefield assigned，静电作用计算方法为 Ewald，精度为 1×10^{-4} kJ/mol，范德瓦尔斯作用的计算方法为 Atom based，截断半径设置为 12.5 Å。其中，由于 Sorption 模块都是通过逸度来计算吸附量，本书中压力与逸度的换算都是通过 Peng-Robinson 方程进行转换[195]。

5.4 本章小结

① 本章首先基于已有研究成果对煤体孔隙甲烷的流动机制进行分析，构建煤体孔隙甲烷流动的物理模型(简化模型)，将孔隙中瓦斯运移简化，认为气体运移的推动力主要是由于压差的作用，沿运移方向受到内部瓦斯压力的推动作用及孔隙外大气压力的阻止作用，同时，吸附态与游离态瓦斯之间及吸附态瓦斯与孔壁之间存在黏滞阻力及摩擦阻力相互作用。关于微孔中的甲烷，其主要赋存形式为吸附态，扩散以表面扩散为主，对应的体积扩散较少，最终导致整个扩散周期较长。

② 通过低温液氮吸附实验对煤孔隙结构分布特征进行分析，经过 BJH 分

析后发现，在不同煤阶中微孔的孔容及孔面积均为最大，同时，除焦煤外高煤阶对应的孔面积及孔容均为最大，即微孔贡献大多数的孔面积，从而更有利于瓦斯的吸附；三种不同变质程度煤样中的孔径分布主要以 10 nm 以下的微孔为主，即微孔最为发育且孔径为 2～4 nm 的微孔数量最多。

③ 基于第 3 章构建的煤大分子结构模型及第 4 章构建的煤基质结构模型构建 1 nm、2 nm、4 nm 孔隙结构模型，通过对模型进行结构优化及退火后获得符合实际情况的煤体纳米孔隙结构模型用于后续吸附、解吸相关特性研究。

第6章 煤体纳米孔隙气体赋存与流动特性分子模拟

6.1 同种孔径条件下气体赋存及流动规律

关于不同变质程度煤体同种孔径下对应的气体吸附特性差异，本节基于孔径分布测试结果，以4 nm孔径为研究对象，温度设定为283.15 K、303.15 K、333.15 K，压力设定为1 MPa、2 MPa、3 MPa、4 MPa、5 MPa，分别研究了同种孔径条件时，温度及压力对气体赋存及流动特性的影响。基于4 nm孔径探究不同温度及压力条件下对应煤体气体赋存特性差异，包含等温吸附曲线、等量吸附热及气体空间分布规律，关于气体的流动规律主要基于扩散系数变化进行相关分析。

6.1.1 同孔径气体赋存特性差异

关于同种孔径条件下不同变质程度煤体在不同温度下的吸附量变化情况如图6-1所示，图6-1中分别将不同变质程度煤样对温度的敏感度及同种温度条件下不同变质程度煤体对应的吸附特性差异进行对比。整体来看，随温度升高，对应的煤体吸附量呈现不断下降的趋势。随压力增大，吸附量均呈现不断增加趋势，关于吸附量的变化规律为无烟煤＞焦煤＞褐煤，即随变质程度增加，对应吸附量增加。通过与煤基质中甲烷吸附量对比，煤基质中三种变质程度中褐煤及焦煤吸附能力相近，5 MPa条件下对应的饱和吸附量分别为2.7 mmol/g、2.8 mmol/g、3 mmol/g。然而，对应4 nm孔径条件下的吸附量存在显著差异，对应5 MPa条件下的饱和吸附量分别为8.2 mmol/g、9.4 mmol/g、11.1 mmol/g。图6-1中的吸附曲线符合Ⅰ型等温吸附类型，本节基于 Langmuir 方程对曲线进行拟合，拟合结果如表 6 - 1 所示，表中 a 值代表煤体对应条件下的最强吸附能力，b 值为吸附常数，可以表示曲线的弯曲程度，该值越大对应的气体解吸难度越大。由表 6 - 1 中数据可知，随温度升高，煤体孔隙甲烷极限吸附能力呈不断降低趋势，对应 a 值不断减小，同时，随煤体变质程度增加，对应 a 值也呈现不断增加趋势，这一趋势均与已有研究成果一致。同时，研究过程中发现，a 值受温度影响的下降比例均在 10%左右，因此，可以将 a 视为常数，该数值为吸附质的本身属性，不随外界环境变化[190]。关于 b 值的变化可知，无烟煤对应的 b 值最大，即对应煤基质气体解吸难度最大，褐煤、焦煤次之。

由图 6 - 1(a)可知，不同煤阶在同一压力条件下，当环境温度越高时对应的吸附量越低，出现这一现象的主要原因为，随着温度升高，对应的分子热运动剧烈，导致分子间距离变远，相互作用能减弱，导致气体出现一定程度的脱附。由图 6 - 1(b)可知，在同一温度条件下，随着吸附平衡压力的增加，对应的气体吸附量增速逐渐变缓，整体呈现出先快速增长后趋于平缓的趋势，这一研究结果与 Bae 等人的研究结果一致[196]，即导致该种现象出现的原因主要为，煤体甲烷的吸附形式以微孔填充为主，当微孔中填充的气体量达到一定数量时将会出现

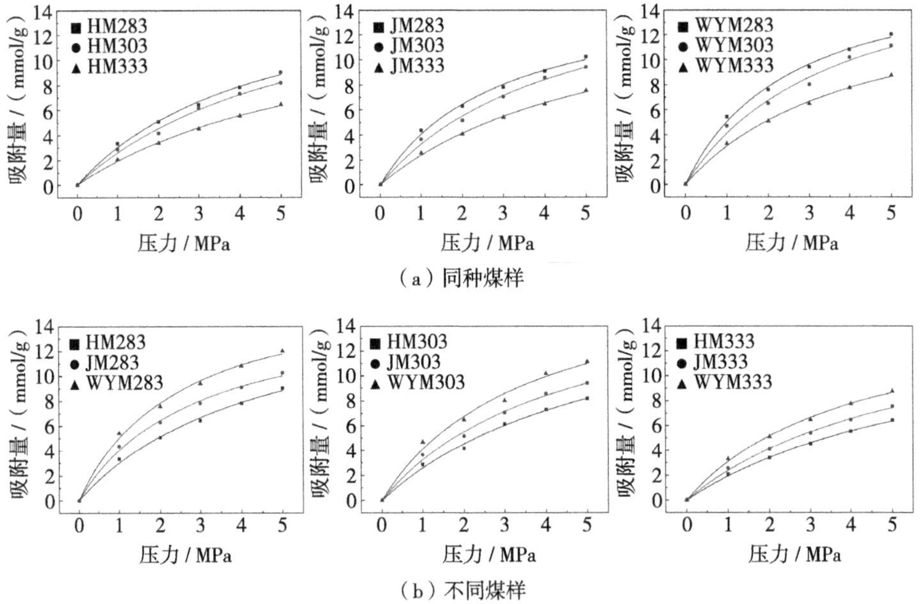

(a) 同种煤样

(b) 不同煤样

图 6 - 1　不同温度条件下不同变质程度煤体孔隙 CH_4 吸附等温曲线

势能叠加的情况，进而导致气体与孔壁之间的相互作用增强。这一相互作用的存在将会吸引气体分子进入煤体孔隙中，随着压力的增加微孔逐渐被填满，即达到吸附饱和状态，此时将会形成气体吸附与解吸的动态平衡。

表 6-1 不同温度条件下煤体吸附量拟合结果

温度	煤样	a	b	R^2
283.15 K	WYM	13.02	0.39	0.995 3
	JM	11.85	0.05	0.996 1
	HM	10.76	0.21	0.995 6
303.15 K	WYM	12.82	0.28	0.993 6
	JM	11.90	0.07	0.993 7
	HM	9.81	0.17	0.987 9
333.15 K	WYM	10.92	0.25	0.998 5
	JM	9.84	0.02	0.997 6
	HM	8.67	0.15	0.998 1

6.1.2 同孔径气体赋存等量吸附热

关于煤体孔隙甲烷吸附特性差异，本书对 4 nm 孔隙中的甲烷等量吸附热进行比较分析，不同温度及压力条件下对应的等量吸附热变化情况如图 6-2 所示。通过与煤基质在同等条件下的对应的等量吸附热变化规律对比可知，煤

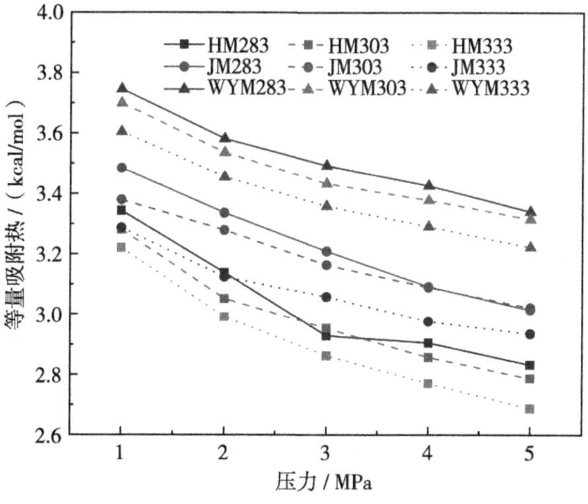

图 6-2 4 nm 孔径条件下煤体等量吸附热

基质中甲烷等量吸附热在 5.2～6.2 kcal/mol 左右，而 4 nm 孔隙中对应的等量吸附热在 2.6～3.7 kcal/mol 左右。由此可知，相较于煤基质，煤体孔隙甲烷的赋存量更大，同时，对应煤体孔隙吸附甲烷过程中释放的能量较少，表明在后续过程中赋存于煤体孔隙的甲烷相较于煤基质中赋存的甲烷更容易解吸。

由图 6－2 可知，煤体孔隙甲烷等量吸附热随煤体变质程度增加而增加，同时，随温度及压力增加，煤体等量吸附热均呈不断降低的趋势，表明在煤体孔隙甲烷吸附的过程中，煤与甲烷之间的相互作用占主导地位。通过对比分析煤体孔隙及煤基质中的甲烷等量吸附热可知，煤基质中煤体与甲烷之间的等量吸附热变化差异并不大，同种变质程度煤样对应的等量吸附热差异基本在 0.2 kcal/mol 左右，即煤基质中气体等量吸附热受温度的影响并不显著，但由于孔隙中气体可移动空间较大，气体分子与煤体间的相互作用较煤基质较弱。

6.1.3 同孔径气体空间分布规律

为进一步明确不同变质程度煤体孔隙甲烷的分布情况，本书针对不同温度及压力条件下的甲烷吸附构型进行探究。由于建立的煤孔隙结构具有对称性，其中上下区域属于煤分子层，中间区域为真空层即孔隙自由空间，因此，整体的甲烷浓度分布为对称性结构。

基于此，本书基于固定压力吸附后得到的最低能量构型，对该模型进行动力学计算，具体计算条件如下：Forcite 模块下选择 Dynamic 选项，系综选择为 NVT，温度设定为 303.15 K，动力学模拟时长为 1 000 ps，时间步长为 1 fs，共输出 10 帧。基于动力学计算结果对模型中的 CH_4 浓度分布及扩散系数进行计算，不同条件下 CH_4 在煤孔隙中沿 Z 轴的浓度分布情况如图 6－3 所示。

如图 6－3 所示，图中直线框内数据代表 4 nm 的狭缝孔隙结构，显然，CH_4 在不同煤阶真空层孔隙中的浓度分布随温度及压力的升高基本呈现不断增加的趋势，同时，三种煤样均在狭缝附近形成了波峰，表明狭缝壁面对甲烷分子有显著的吸附作用，图 6－3 中的浓度分布图中均存在两到三个波峰，表明孔壁周边存在多层吸附的情况。然而，相较于孔隙中的甲烷浓度分布，处于煤基质中的气体浓度显著高于狭缝孔中的甲烷气体浓度，结果表明，吸附仍主要存在于煤基质中，真空层中的甲烷大多通过扩散进入孔隙中。因此，在后续进行气体解吸置换过程中可以通过评价存在于真空区域内的甲烷浓度以评价驱替效果并确定驱替条件。

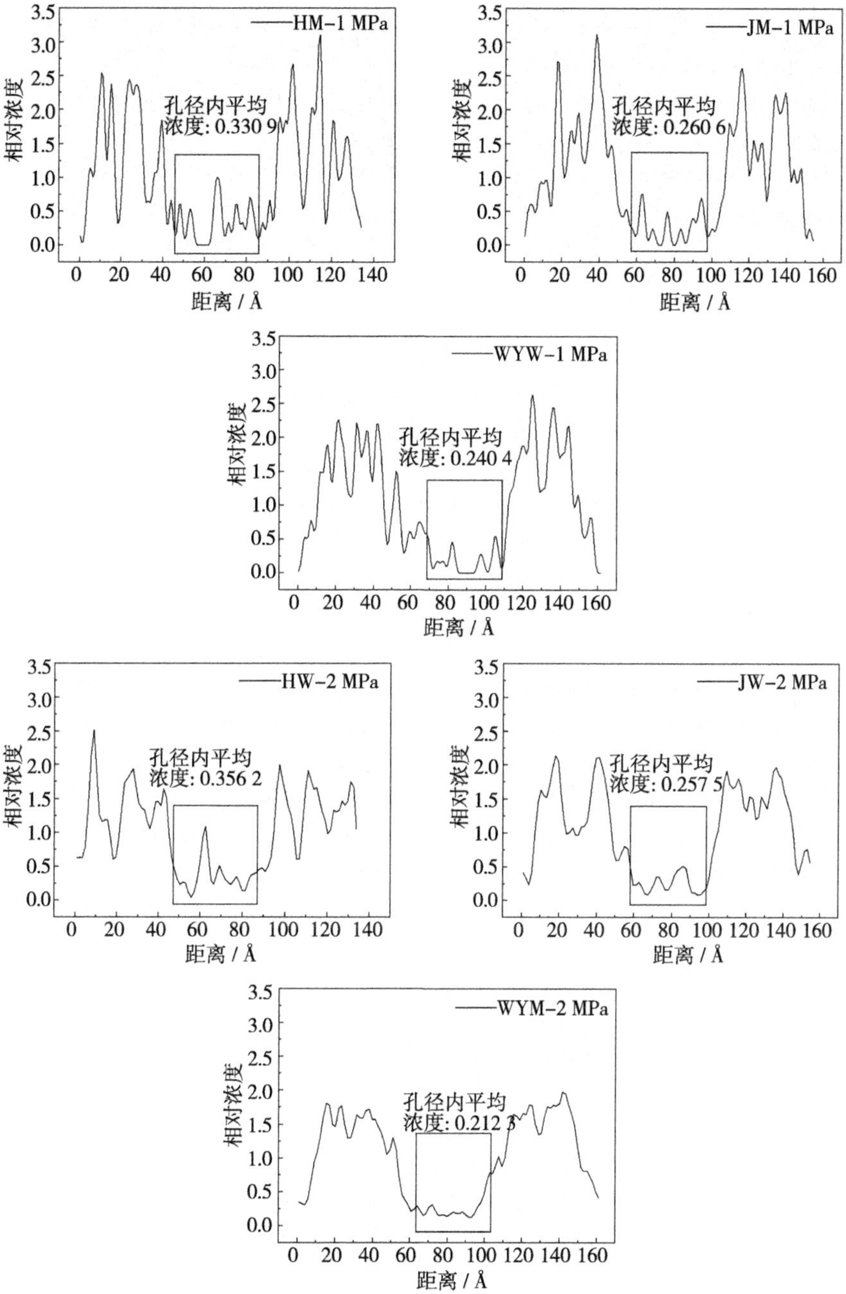

图 6－3　303.15 K 条件下 4 nm 孔径 CH_4 相对浓度分布

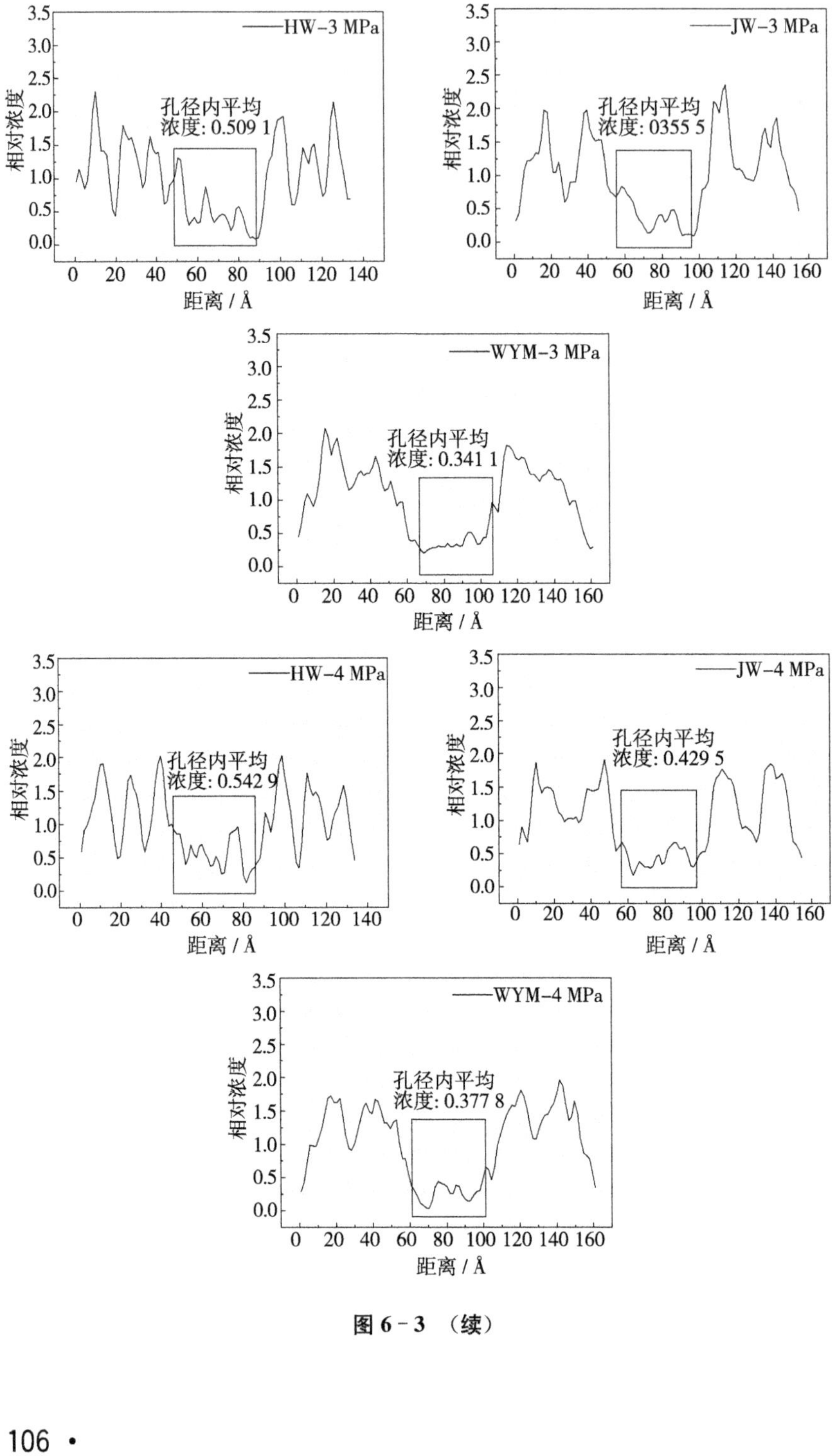
HW-3 MPa
孔径内平均
浓度: 0.509 1
JW-3 MPa
孔径内平均
浓度: 0355 5
WYM-3 MPa
孔径内平均
浓度: 0.341 1
HW-4 MPa
孔径内平均
浓度: 0.542 9
JW-4 MPa
孔径内平均
浓度: 0.429 5
WYM-4 MPa
孔径内平均
浓度: 0.377 8
相对浓度
距离 / Å
0.0
0.5
1.0
1.5
2.0
2.5
3.0
3.5
0
20
40
60
80
100
120
140
160

图 6-3 （续）

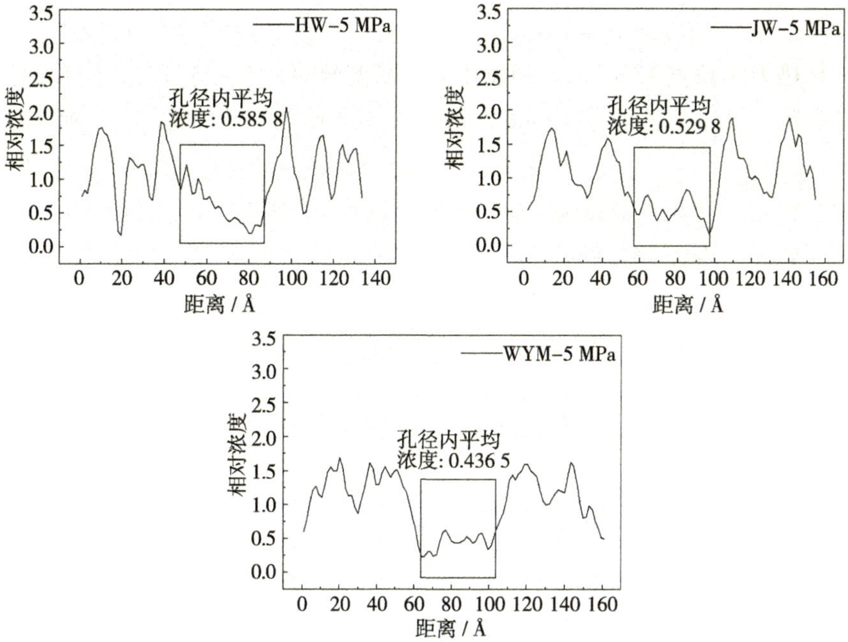

图 6-3 （续）

通过对比真空层中的甲烷浓度变化规律可知，在 303.15 K 条件下，同一压力条件下，随着煤体变质程度的增加，对应的孔隙甲烷浓度不断降低，其中，当甲烷吸附压力为 3 MPa 时，三种煤样对应的孔隙甲烷相对浓度平均值分别为 0.059 1、0.355 5 及 0.341 1，上述现象与煤体等温吸附结果保持一致，即高变质程度煤体对甲烷具有更强的吸附能力，在吸附过程中甲烷的吸附位主要为煤基质表面，孔隙中游离甲烷较少，导致孔隙自由空间甲烷浓度较低。

6.1.4 同孔径甲烷扩散系数变化规律

从微观角度来看，扩散系数代表分子浓度的变化特征，常用的扩散系数表征参数包含自扩散系数(D_s)、校正扩散系数(D_c)、传递扩散系数(D_t)。其中，传递扩散系数(Fick 扩散系数)一般适用于宏观尺度且容易通过实验获得，基于浓度梯度理论可知，随着浓度的增加，扩散通量呈降低趋势，即二者之间为负相关关系，由此可得式(6-1)：

$$J = -D_t \cdot \nabla c \tag{6-1}$$

式中 J——扩散通量；

D_t——传递扩散系数，m^2/s；

c ——浓度，mol/m^3。

从热力学角度来看，扩散的发生是化学势梯度的推动作用所导致，即扩散通量与化学势梯度之间为负相关的关系，二者之间的关系如式(6-2)所示：

$$J = -D_c \cdot \nabla\mu \tag{6-2}$$

式中 D_c——校正扩散系数(Maxwell-Stefan 扩散系数)，m^2/s；

$\nabla\mu$——化学势梯度，无量纲。

Maxwell-Stefan 扩散理论显示，单组分气体的校正扩散系数可以由式(6-3)得到，在 MS 的计算中可以通过计算速度自相关函数得到。

$$D_c = \frac{1}{3Vc}\int_0^{\infty}\langle v_i(t)v_i(0)\rangle \mathrm{d}t \tag{6-3}$$

式中 V——体积，m^3；

$v_i(t)$、$v_i(0)$——粒子在 0 和 t 时刻的速度，m/s。

为表征不同变质程度煤体孔隙中甲烷的运移特性，本书通过 Forcite 模块对体系进行动力学计算，随后利用 Analysis 任务对孔隙甲烷的均方根位移(MSD)进行计算，从而表征不同环境条件下气体分子的运动规律。关于均方根位移的描述如式(6-4)所示[197]：

$$r^2(t) = \frac{1}{N}\left[\sum_{i=1}^{N}|r_i(t) - r_i(0)|^2\right] \tag{6-4}$$

式中 $r_i(t)$ ——第 i 个粒子在初始时刻的位置矢量，无量纲；

$r_i(0)$ ——在 $t=0$ 时刻的第 i 个粒子的位移，无量纲；

N——吸附分子个数。

基于均方根位移的计算结果结合 Einstein 算法可以进一步计算出自扩散系数 D_s，计算方法如式(6-5)所示[197]：

$$D_s = \frac{1}{6N}\lim\frac{\mathrm{d}}{\mathrm{d}t}\left\{\sum_{i=1}^{N}[r(t) - r(0)]\right\}^2 \tag{6-5}$$

将动力学计算后得到的均方根位移曲线进行线性回归，可以得到对应的斜率 k，如式(6-6)所示，将扩散系数可以简化为式(6-7)：

$$k = \lim_{t\to\infty}\frac{1}{t}\left\{\frac{1}{N_t}\sum_{i=1}^{N}|r_i(t) - r_i(0)|^2\right\} \tag{6-6}$$

$$D_s = \frac{k}{6} \tag{6-7}$$

为建立三个扩散系数之间的关系需要基于相关理论将三者参数进行相互

转换，其中，校正扩散系数与传递扩散系数之间需要通过定义热动力学因子实现浓度梯度与化学势梯度之间的转化，转化关系如式(6－8)所示。已有研究结果表明[198]，传递扩散系数为热力学与动力学综合作用的结果，校正扩散系数代表动力学性质，即扩散过程中粒子化学势随浓度的变化。关于 Γ 的计算方法可以依据已有研究成果得到[199]，即热动力学因子等于逸度与浓度指数值的积分，具体计算方式如式(6－9)所示。根据相关定义，自扩散系数与校正扩散系数之间的关系如式(6－10)所示：

$$D_t=\Gamma \cdot D_c \tag{6-8}$$

$$\Gamma=\frac{\partial \ln f}{\partial \ln c} \tag{6-9}$$

$$D_c=\frac{2}{cV}D_s \tag{6-10}$$

综合分析上述转换关系可知，在对系统中粒子的扩散性质进行描述时，可以先通过 MS 模拟计算得到粒子的自扩散系数，随后将得到的数据代入式(6－10)计算后得到校正扩散系数。得到上述两个扩散系数结果后，基于式(6－9)中的热动力学因子便可实现三个参数之间的转换，最终将微观与宏观的扩散系数之间建立联系。

上述三个扩散系数的计算均通过动力学模拟过程中的自扩散系数转换得到，关于自扩散系数的计算方法如下：首先，基于构建的煤体孔隙模型进行固定压力吸附，通过 Sorption 模块中的 Fixed Pressure 功能实现。相关参数设置如下，通过压力与逸度之间的换算分别得到 303.15 K 条件下 1～5 MPa 中对应五个压力点的逸度值，将甲烷分子设定为吸附质进行吸附计算。关于力场及分子间作用力的计算方法均与煤基质吸附中的相关系数设置相一致，吸附过程共设置 2×10^6 步，其中前 1×10^6 步用于系统平衡，后 1×10^6 步用于完成相关计算，吸附结果选择返回最低能量构象，每 1×10^5 步返回一个最低能量构象，共获得 10 个最低能量结构。

其次，选取 10 个能量构象中的能量最低的结构进行分子动力学计算，将最低能量构象另存为一个独立的.xsd 结构文件，对该结构文件进行结构优化，具体通过 Forcite 模块中的 Geometry Optimization 模块实现，基于优化后的结构对其进行退火操作，共设置 5 个循环，温度范围为 300～700 K，从而获得能量最低且最为稳定的含甲烷结构模型。

完成上述结构优化后开始进行后续动力学计算，计算结果为自扩散系数，关于动力学计算步骤如下，整个计算过程通过 Forcite 模块中的 Dynamics 功能实现，按照微正则系综、正则系综、等温等压系综的设置顺序分别进行三次动力学计算，每次计算均进行 500 ps，时间步长为 1 fs，共计算 500 000 步，每 10 000 步输出一个动力学结构，计算后共获得 50 个构型。基于等温等压系综的计算结果，选取其获得的. xtd 文件进行自扩散系数计算，首先根据电荷量选定甲烷分子作为 Set，随后在 Forcite 模块中运用 Analysis 功能计算均方根位移(Mean Square Displacement，MSD)，由于系统需要经历稳定过程，因此，在计算过程中选取 300～500 ps 的轨迹进行均方根位移的计算，通过将计算得到的数据进行线性拟合可以获得对应的斜率值，斜率值的六分之一即为对应的自扩散系数值，模拟初步计算的自扩散系数单位为 Å^2/ps，为确保后续计算的一致性，本书中关于扩散系数的单位统一换算为 m^2/s。

关于三种煤样 4 nm 孔径条件下对应的均方根位移曲线如图 6－4 所示。根据均方根位移的计算结果可知，300～500 ps 时间范围内的数据拟合度均可达 0.98，表明模拟结果可行，图 6－4 中分别标出了对应拟合曲线的斜率值及拟合度。

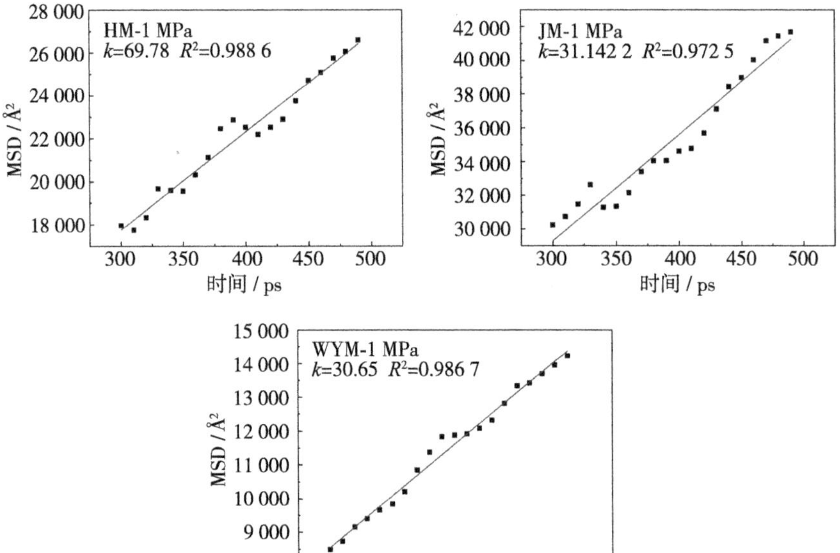

图 6－4　4 nm 孔径不同变质程度煤体甲烷均方根位移拟合曲线图

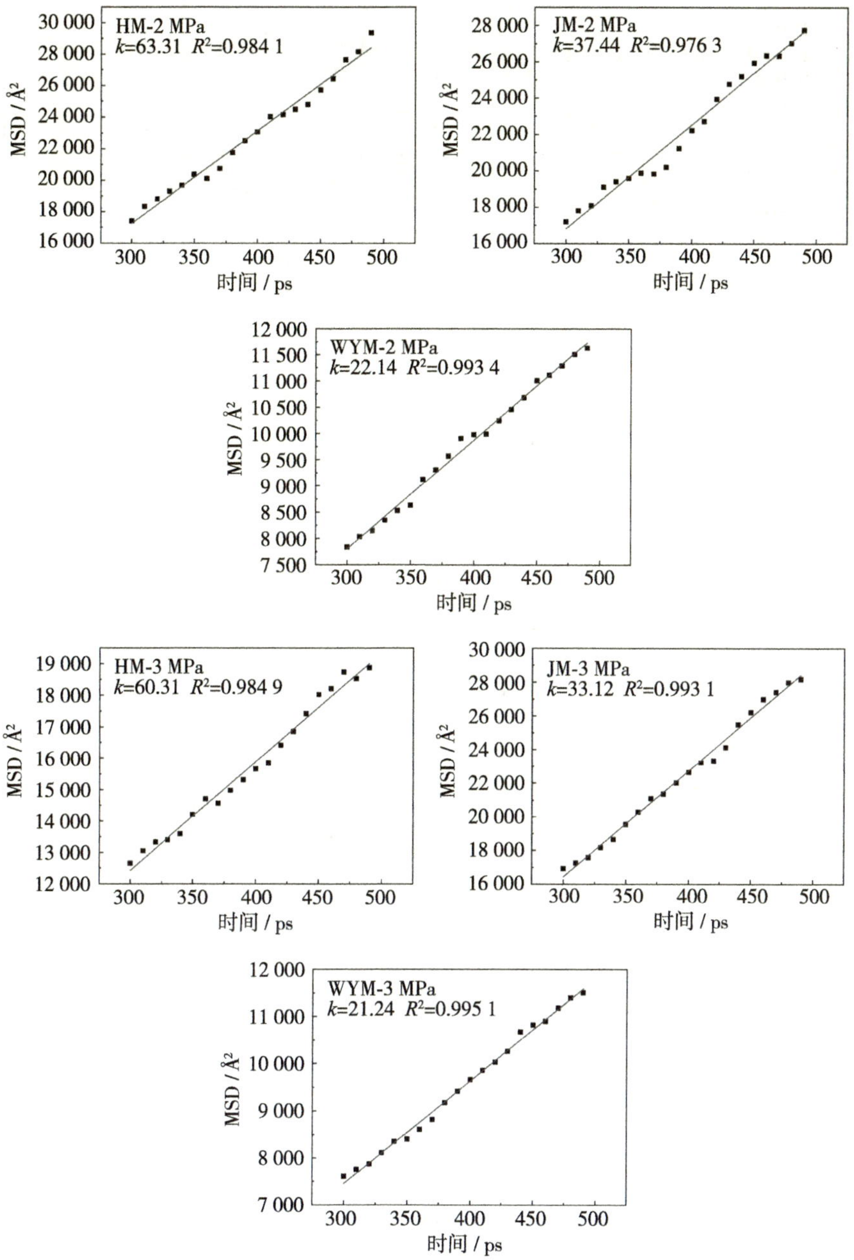
HM-2 MPa
k=63.31 R²=0.984 1
JM-2 MPa
k=37.44 R²=0.976 3
WYM-2 MPa
k=22.14 R²=0.993 4
HM-3 MPa
k=60.31 R²=0.984 9
JM-3 MPa
k=33.12 R²=0.993 1
WYM-3 MPa
k=21.24 R²=0.995 1
MSD / Å²
时间 / ps

图 6-4　（续）

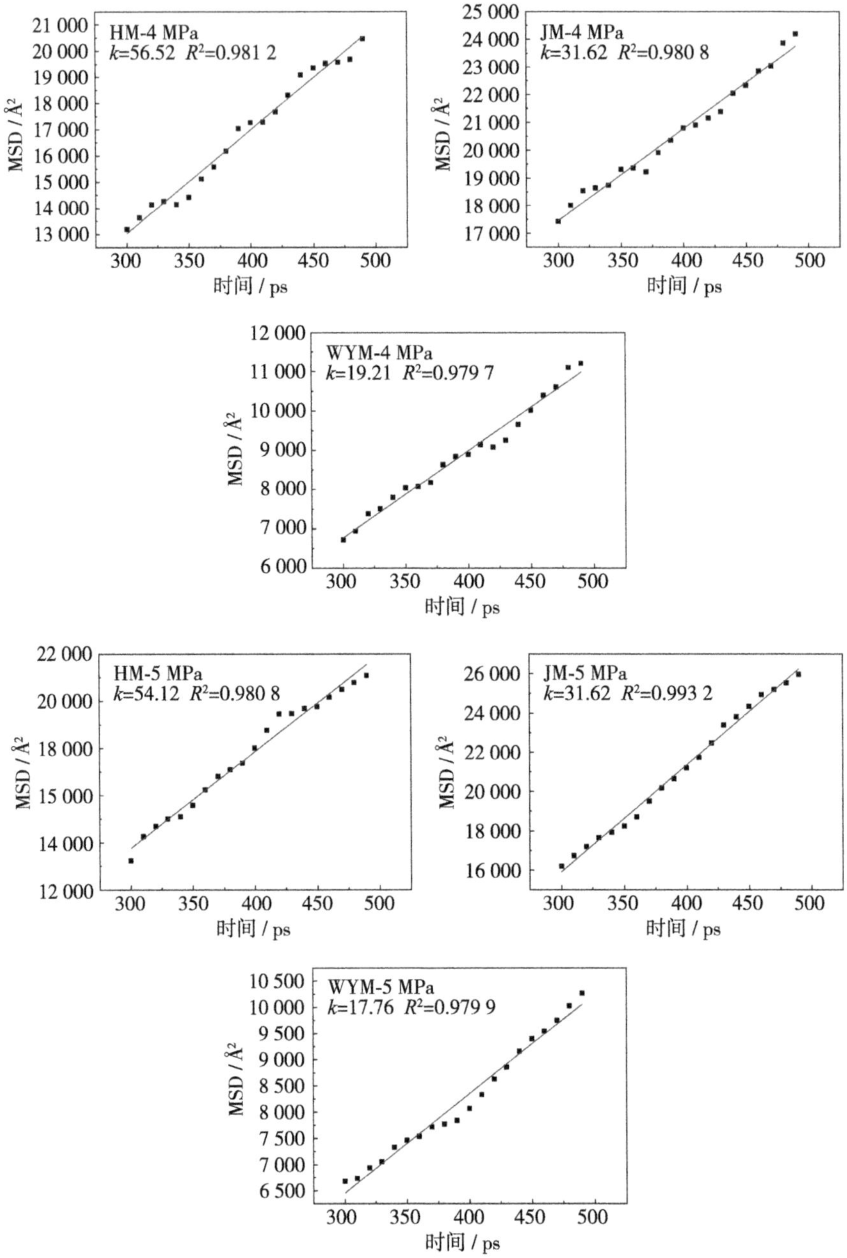
HM-4 MPa
k=56.52 R²=0.981 2
MSD / Å²
时间 / ps
JM-4 MPa
k=31.62 R²=0.980 8
MSD / Å²
时间 / ps
WYM-4 MPa
k=19.21 R²=0.979 7
MSD / Å²
时间 / ps
HM-5 MPa
k=54.12 R²=0.980 8
MSD / Å²
时间 / ps
JM-5 MPa
k=31.62 R²=0.993 2
MSD / Å²
时间 / ps
WYM-5 MPa
k=17.76 R²=0.979 9
MSD / Å²
时间 / ps

图 6 - 4 （续）

关于传递扩散系数、修正扩散系数的计算均基于自扩散系数得到，图 6-5、图 6-6 及图 6-7 为三种不同变质程度煤样对应 4 nm 孔隙中甲烷扩散的三种扩散系数变化曲线。通过计算获得的三种扩散系数中，传递扩散系数被认为是最符合实验中甲烷扩散特性的参数值，通过将模拟获得的扩散系数与已有实验研究结果的对照可知，模拟获得的扩散系数值与实验结果数值均在同一数量级，表明模拟结果的正确性。然而，模拟结果略大于实验结果，主要原因为以下几个方面，首先，模拟构建的煤结构模型只包含煤中的有机组分，实际煤结构复杂且包含大量有机及无机组分，同时，在进行模拟优化的过程中，虽然经过多方面优化使煤结构充分接近实际，但最终的模拟结果与实际之间仍存在差异。其次，不同模拟方法在计算过程中选择的力场类型及动力学计算方法均存在个异性，导致计算结果存在不同程度的差异。关于力场选择对煤相关参数的影响，国内外研究学者也进行了相关对比，其中，Hu 等人分别利用 COMPASS 力场与 Drieding 力场对煤模型的密度进行计算，研究发现，基于 COMPASS 力场计算得到的煤模型密度更加符合实际情况[160]。Han、Smit、Lin、Liu 等[96,198,200-201]研究发现，当动力学的计算时长大于 1 ns 时，模拟得到的相关结果才更加符合实际，即只有当模拟时间达到一定长度时才能获得线性规律较好的均方根位移曲线。最后，由于模拟过程中对扩散系数的计算基于原子尺度，其间存在静电能、范德瓦尔斯能等分子间相互作用，而实验中的扩散系数是将煤等效为毫米级颗粒且扩散模型常选用单孔扩散模型[202]，因此，实验与模拟在计算扩散系数

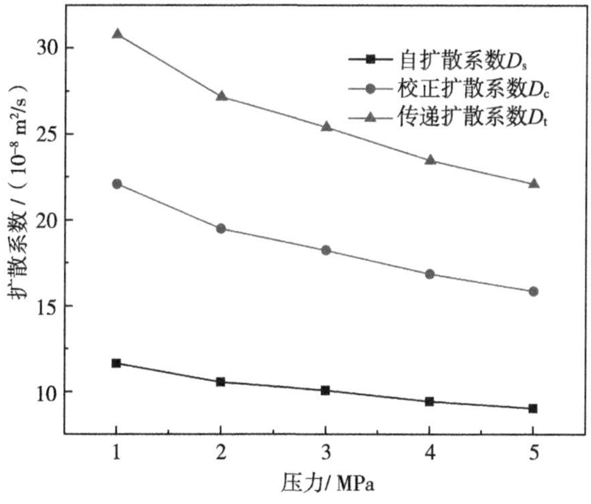

图 6-5 4 nm 孔径褐煤扩散系数随压力变化曲线

的过程中仍然存在一定程度的差异。基于此，本书中选择的扩散系数计算时长为 1 ns，力场为 COMPASS Ⅱ力场，模拟得到的均方根位移曲线线性拟合程度较为理想。

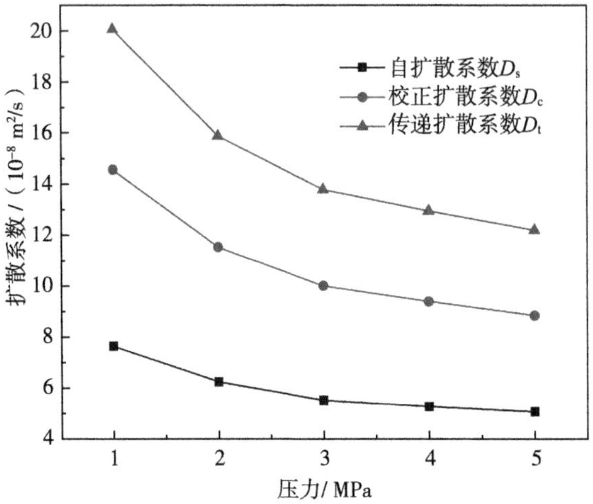

图 6-6 4 nm 孔径焦煤扩散系数随压力变化曲线

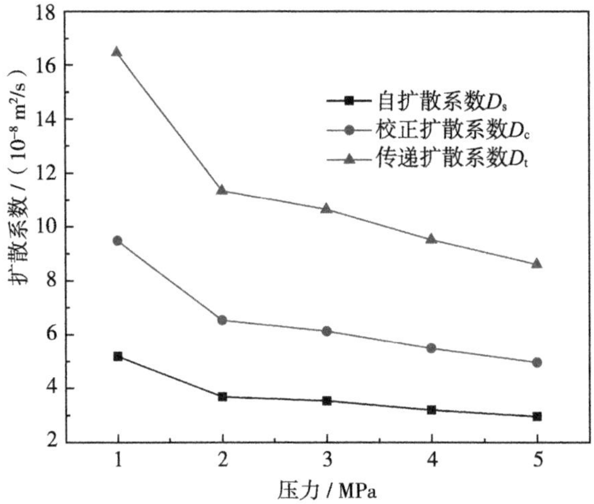

图 6-7 4 nm 孔径无烟煤扩散系数随压力变化曲线

由于扩散存在的主要原因为孔隙内外浓度差而导致气体由高浓度向低浓度区域扩散，同时，孔隙作为扩散的主要空间，其孔径大小及孔隙表面结构都将对孔隙甲烷的扩散特性造成不同程度的影响。在本书中,为对比同一孔径对应甲烷扩散特性差异,模拟中限定孔隙长度及宽度,保证唯一变量为孔隙表面结构。其中,等温吸附结果显示在 303.15 K 条件下,褐煤及焦煤在各压力点下对应的甲烷饱和吸附量均较为相近,而对应的无烟煤甲烷饱和吸附量显著高于低阶煤,同时孔壁与甲烷之间的相互作用强度随煤体变质程度增加而呈现不断增加的趋势,导致甲烷解吸难度不断增加。因此,焦煤及无烟煤相较于褐煤对应的解吸量更少且孔壁对气体的吸附能力更强,最终导致孔隙甲烷扩散系数呈现褐煤>焦煤>无烟煤的趋势。

通过对比分析不同压力条件下的对应的 4 nm 孔隙中不同变质程度煤体甲烷扩散系数的变化规律可知,随压力增加,对应孔隙自由空间甲烷扩散系数均呈现不断降低的趋势,随煤体变质程度的增加,对应扩散系数也呈现不断降低的趋势。上述变化趋势表明,随着煤体吸附能力的增强,对应煤基质中的甲烷吸附量增加,气体在压强的作用下排列更加紧密,体系气体密度增加,气固之间的相互作用力增强,从而阻碍了气体由基质向真空区域内的扩散,导致孔隙空间中的气体浓度降低,对应的气体扩散能力也减弱,扩散系数减小。

6.2　不同孔径条件下气体赋存及流动规律

关于不同孔径对应的单组分气体吸附差异,本书主要研究了 1 nm、2 nm、4 nm 孔径条件下对应的气体吸附量及对应的等量吸附热变化情况。关于气体赋存特性的研究,本书主要探究 CH_4、CO_2 在单组分及混合组分条件下对应不同温度及压力条件下的吸附量及等量吸附热变化规律,同时,在研究二元混合气体吸附的过程中本书还对不同孔径中对应的选择吸附系数进行比较分析,从而获得不同变质程度煤体对应不同孔径时的气体选择吸附差异机理。

6.2.1　不同孔径单组分气体赋存规律

不同变质程度煤体微孔中气体的赋存规律存在较大差异,基于 5.3 节中构建的煤体孔隙模型,分别研究了 283.15 K、303.15 K、333.15 K 条件下 1～5 MPa 压力范围内褐煤、长焰煤、无烟煤对应 1 nm、2 nm、4 nm 孔径中的 CH_4 吸附特性差异。关于不同条件下对应的吸附量变化曲线如图 6－8 所示。

由图 6－8 可知,不同变质程度、不同孔径对应甲烷吸附量均随温度升高而

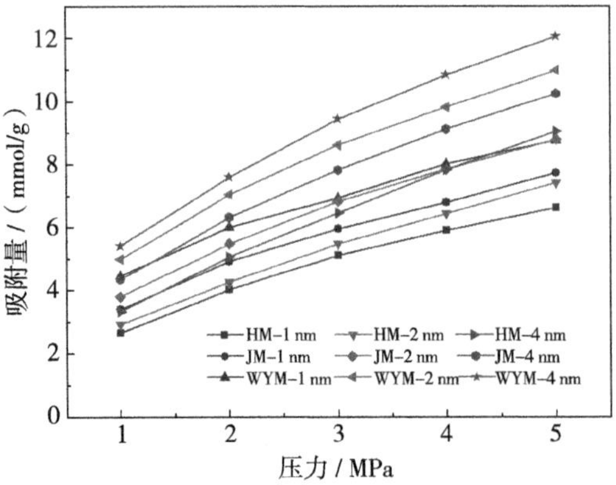

（a）283.15 K

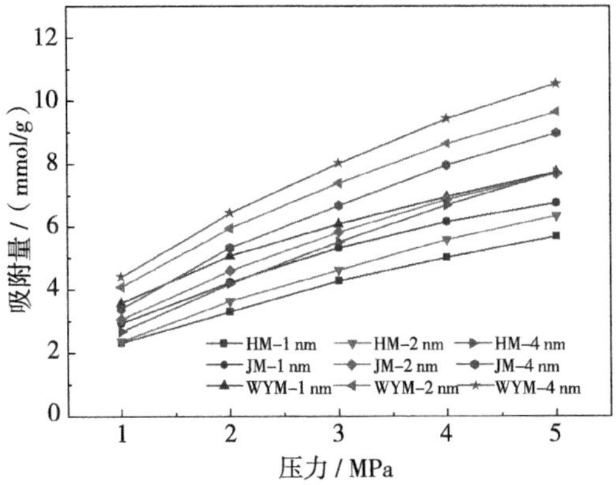

（b）303.15 K

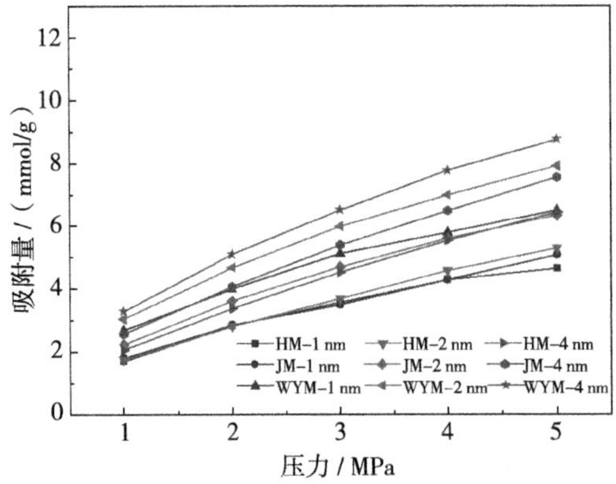

（c）333.15 K

图 6-8　不同温度条件下不同变质程度煤体纳米孔隙甲烷吸附等温线

呈现不断降低的趋势，同时，随温度升高，对应的不同变质程度煤体孔隙甲烷的吸附量差异逐渐减小，其中，283.15 K 条件对应三种不同变质程度煤体 4 nm 孔径的甲烷饱和吸附可达 9.04 mmol/g、10.24 mmol/g 及 12.05 mmol/g，由此可见，煤体孔隙表面结构对吸附量的影响极为显著。

通过对比同一环境条件下对应不同孔径的吸附量变化规律可知，相较于 4 nm，1 nm 及 2 nm 均属于超微孔的范畴，气体在＜2 nm 孔径中的吸附形式主要为微孔填充，而较大孔隙中对应的气体赋存形式为多层吸附，因此，由于孔径气体赋存形式的差异导致上述两种孔径尺度下对应的气体吸附量差异不显著。本书中所选的三种孔径均为成倍关系，即对应的纳米孔隙体积也成倍增长，然而，对应的孔隙甲烷吸附量并非成倍增长，导致上述现象出现的原因为，随孔径增加，甲烷吸附自由空间不断增加，但受孔隙表面结构差异的影响，指定温度及压力条件下对应的甲烷饱和吸附量差异并不随孔径增加倍数而增加。

为对比分析不同孔径对应气固界面相互作用的变化规律，本书分别对比了不同孔径条件下的等量吸附热变化情况，不同温度条件下对应不同变质程度煤体纳米孔隙的甲烷等量吸附热变化曲线如图 6－9 所示。综合比较分析曲线变化规律可发现，不同孔径中气体等量吸附热对温度变化均不敏感，三种温度条件下对应的气体等量吸附热变化幅度较小。不同温度条件下，等量吸附热的变化规律基本为无烟煤＞焦煤＞褐煤，这一变化趋势与等温吸附曲线的变化规律保持一致，即高变质程度煤体由于具有更多的芳香结构导致其孔壁对甲烷具有较强吸附能力，较强吸附能力则对应较高的等量吸附热值。

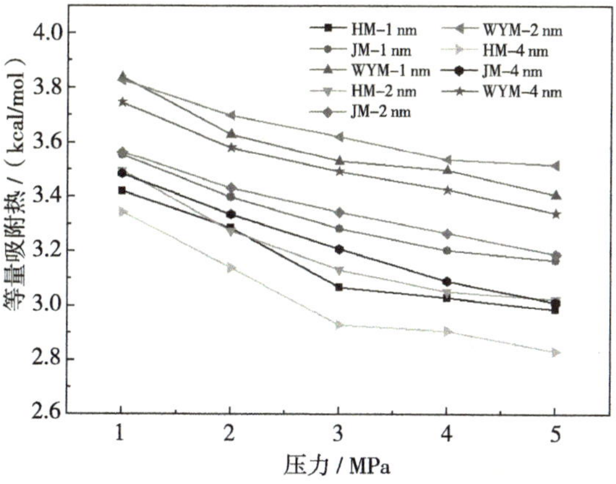

（a）283.15 K

图 6－9　不同温度条件下不同变质程度煤体纳米孔隙甲烷等量吸附热曲线

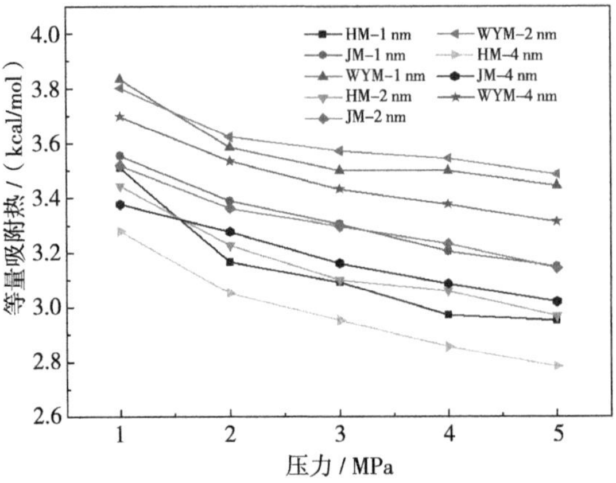

(b) 303.15 K

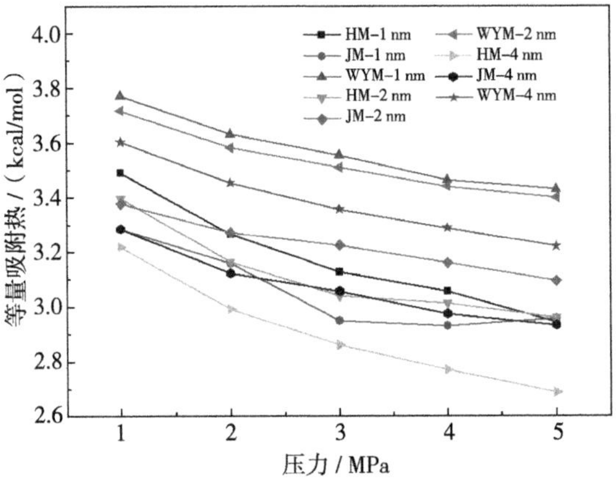

(c) 333.15 K

图 6 - 9 （续）

关于孔径对等量吸附热的影响，随着孔径的增大，对应等量吸附热降低。导致上述现象出现的原因为，随着吸附量的增加，对应气体与气体之间的相互作用逐渐减弱，气固之间的相互作用逐渐增强，由于孔隙壁面的不均匀性，气体分子优先占据高能吸附位，从而导致等量吸附热随吸附量增加而降低。

6.2.2 不同孔径双组分气体竞争吸附规律

为研究不同变质程度煤体微孔中二元气体的竞争吸附特性，选取 303.15 K 为环境温度，分别研究了三种变质程度不同的煤样对应 1 nm、2 nm 及 4 nm 孔径内不同摩尔比对应的二元混合气体吸附特性差异，选定的 CH_4 ∶ CO_2 摩尔比为 0.9∶0.1、0.7∶0.3、0.5∶0.5 及 0.3∶0.7，压力变化区间为 1～5 MPa。

关于二元混合气体中 CH_4 及 CO_2 的等温吸附曲线均用 Langmuir 吸附方程进行拟合，对应曲线的拟合度均大于 0.95，可以基本判定拟合结果符合实际，对应三种煤样不同孔隙气体等温吸附拟合曲线如图 6－10、图 6－11、图 6－12 所示。

由图 6－10、图 6－11、图 6－12 可知，煤体 1 nm 孔隙二元混合气体吸附过程中，当 CO_2 在混合气体中的摩尔占比大于 0.1 时，混合组分中 CO_2 的吸附量显著高于 CH_4 吸附量，同时，随着甲烷气体在混合气体中所占摩尔比的增加，对应的等温吸附量也呈现不断增加的趋势。对比分析不同变质程度煤体纳米孔隙气体吸附特性差异可知，当孔径为 1 nm 时，混合气体组分中的对应的 CH_4

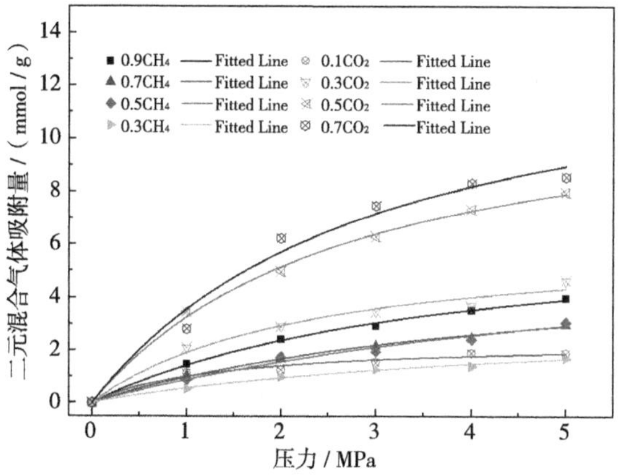

(a) 1 nm

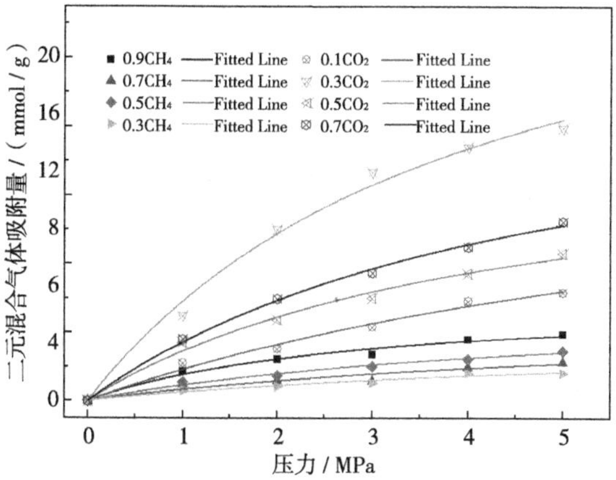

(b) 2 nm

图 6－10　褐煤不同孔径二元混合气体等温吸附曲线

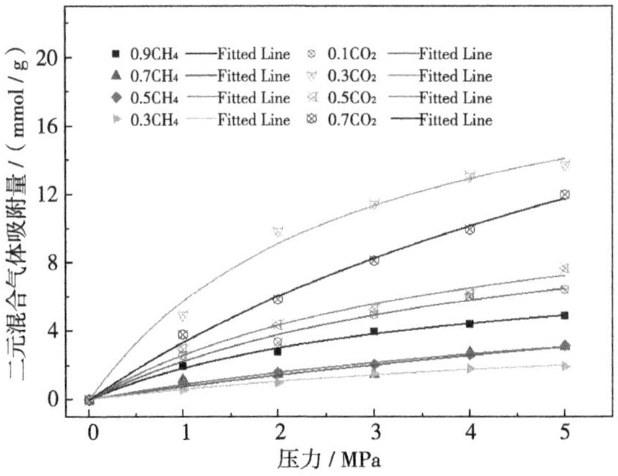

（c）4 nm

图 6 - 10 （续）

饱和吸附量可达 4 mmol/g。随着煤体变质程度的增加，对应的 CH_4 饱和吸附量呈现不断增加的趋势，整体差异并不明显。然而，相应条件下的 CO_2 吸附量差异明显，其中，1 nm 孔隙对应摩尔比为 0.7 的 CO_2 饱和吸附量可达 8 mmol/g，当摩尔比为 0.1 时，对应的饱和吸附量仅为 1.5 mmol/g 左右，由此可见，二元混合气体中 CO_2 饱和吸附量受其对应摩尔占比影响显著。

为进一步定量描述煤体纳米孔隙二元混合气体竞争吸附特性，分别对不同摩尔比及孔径条件下对应的 CO_2/CH_4 选择吸附系数随压力的变化规律进行研究，结果如图 6 - 13 所示。整体来看，随压力增加、CO_2 所占摩尔比增加，对应的选择吸附系数均呈现不断下降的趋势，表明高压、高浓度 CO_2 均不利于竞争吸附的进行。其中，除 1 nm 孔隙条件外，其余微孔条件下，当 CO_2 在混合气体中所占摩尔比低于 0.5 时，S_{CO_2/CH_4} 均大于 12，而当其所占摩尔比大于等于 0.5 时，对应的选择吸附系数均在 5 左右。然而，在对比不同变质程度煤体对应的气体选择吸附系数变化规律中可以发现，无烟煤在 CO_2 所占摩尔比为 0.1 时，其对应的选择吸附系数显著大于其他条件，同时，随煤体变质程度增加，对应较低 CO_2 摩尔比所对应的 S_{CO_2/CH_4} 呈不断增加的趋势，表明微孔竞争吸附中低浓度 CO_2 在高阶煤竞争吸附中具有显著优势。关于 1 nm 孔隙中气体竞争吸附系数较小且变化微小的问题，主要原因为 1 nm 作为气体分子有效活动空间，其对应的气体吸附量较其他孔隙条件均较低且 CO_2 具有显著竞争吸附优势，导致 1 nm 孔径条件下对应的选择吸附系数对压力及摩尔比变化均不显著。

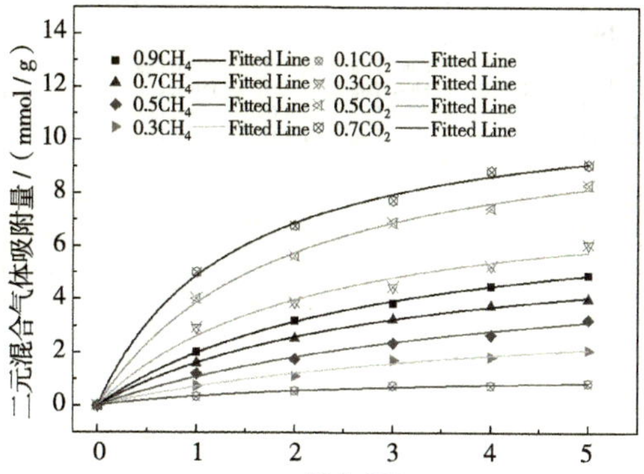

（a）1 nm

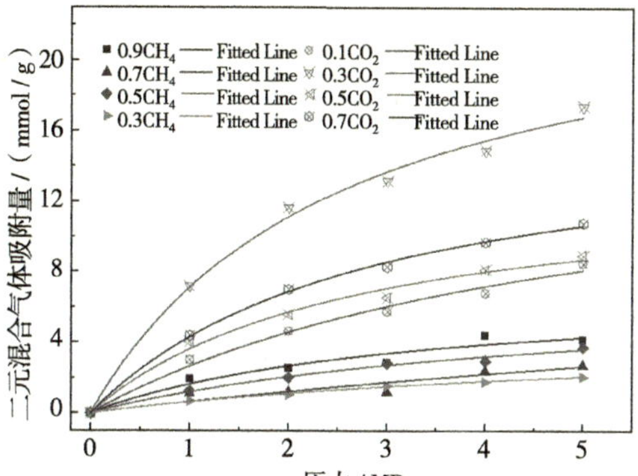

（b）2 nm

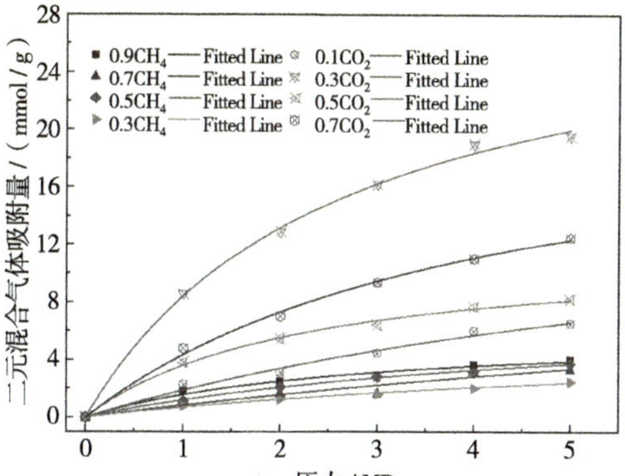

（c）4 nm

图6-11 焦煤不同孔径二元混合气体等温吸附曲线

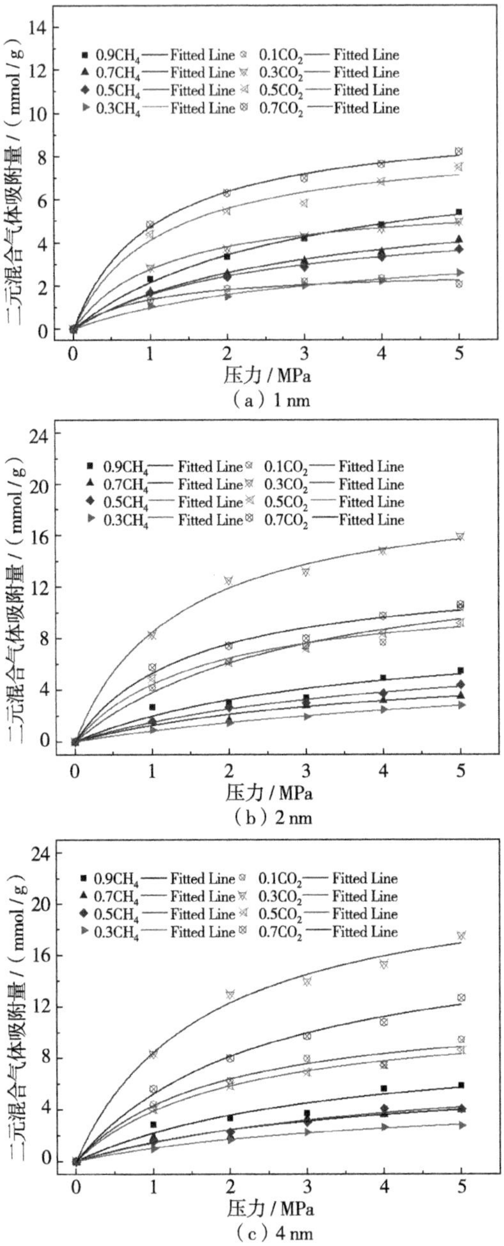

图 6－12　无烟煤不同孔径二元混合气体等温吸附曲线

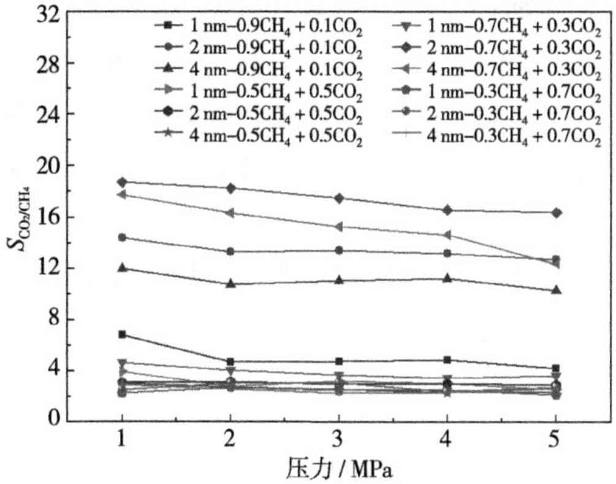

(a) HM

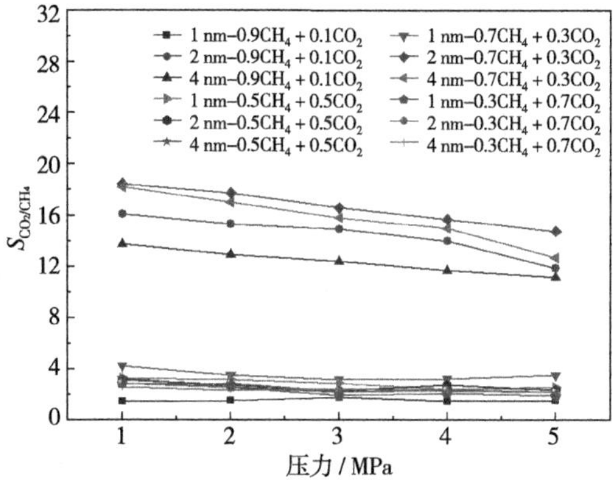

(b) JM

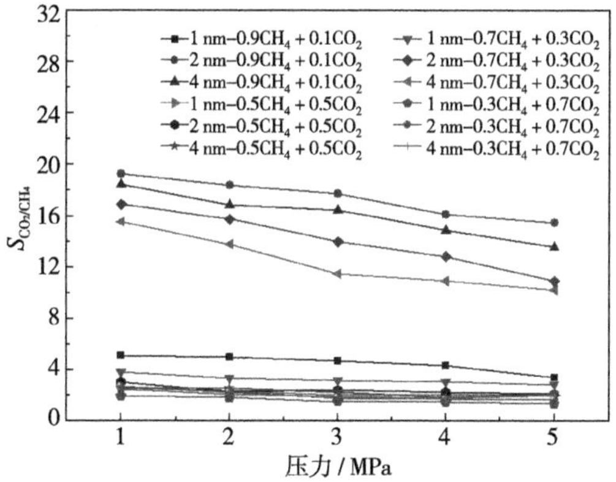

(c) WYM

图 6－13　不同变质程度煤样二元混合气体选择吸附系数(S_{CO_2/CH_4})随压力及摩尔系数变化

上述结果表明，较低的 CO_2 浓度（摩尔占比为 0.3 及 0.1）更有利于竞争吸附的进行，因此，本书分别将 CH_4 ∶ CO_2 ＝0.9∶0.1 及 CH_4 ∶ CO_2 ＝0.7∶0.3 两种条件下的气体选择吸附系数进行单独分析，结果如图 6－14 所示。当 CH_4 ∶ CO_2 ＝0.9∶0.1 时，2 nm 孔径条件下对应的选择吸附系数最高，同时选择吸附系数与煤阶之间也为正相关关系，对应无烟煤气体选择吸附系数为最高。而当 CH_4 ∶ CO_2 ＝0.7∶0.3 时，选择吸附系数与煤阶间的关系为负相关，对应焦煤中二元混合气体选择吸附系数最高，同时，对应 1 nm 孔隙中气体选择

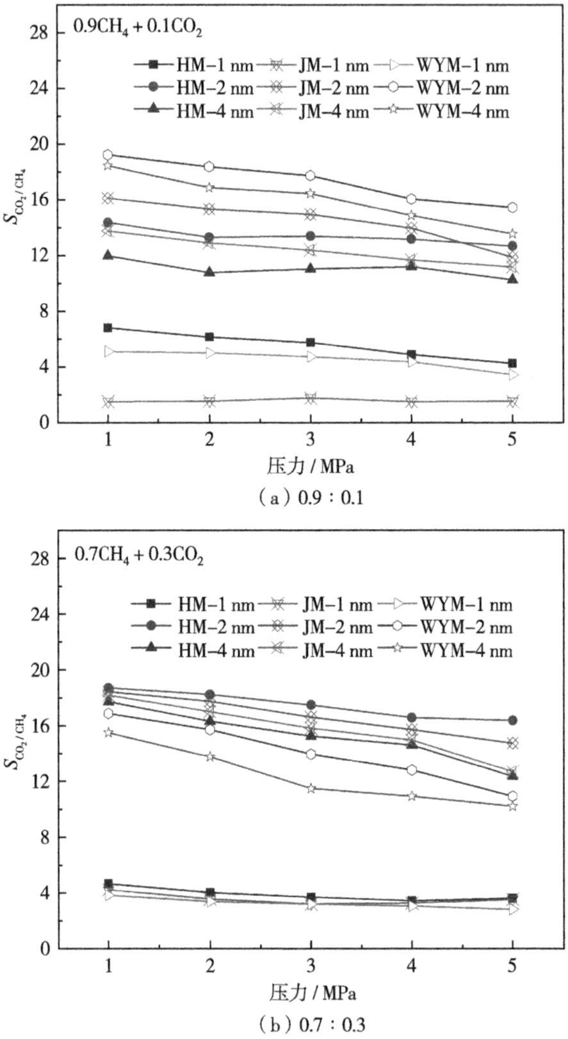

图 6－14　不同摩尔比气体吸附选择系数变化情况对比

吸附系数差异逐渐变小，基于此，在进行不同变质程度煤体纳米孔隙气体驱替置换时应当结合煤基质自身属性选择合理的气体注入量。

6.2.3　不同孔径甲烷空间分布规律

为研究不同变质程度煤体纳米孔隙气体微观流动特性差异，首先需要明确不同条件下对应的气体空间分布规律，从而为后续吸附质分子运动规律的研究奠定基础。同时，在进行解吸模拟的过程中需要基于已有的饱和吸附构型进行气体的置换，在此过程中需要用浓度分布情况判定不同注入条件对应的置换效果，因此，研究不同孔径对应气体浓度分布规律对于分析气体在孔隙中的赋存及流动规律具有重要意义。

关于不同纳米孔隙中气体的存在形式主要通过相对浓度分布进行判定，本节中对自由空间（孔隙空间）内的甲烷相对浓度分布进行研究，图 6－15、图 6－16、图 6－17 为 1 nm、2 nm 及 4 nm 不同煤阶孔隙内对应 303.15 K 条件下不同压力的相对浓度分布情况，研究结果分别为不同孔隙条件对应自由空间范围内的气体平均浓度。整体来看，随着孔隙压力的增加，对应的自由空间气体浓度呈不断上升的趋势。出现该现象的主要原因为，随着压力的增加，煤体孔隙甲烷吸附量增加，导致游离至自由空间内的甲烷分子数量增加，最终体现在相对浓度值的增加。

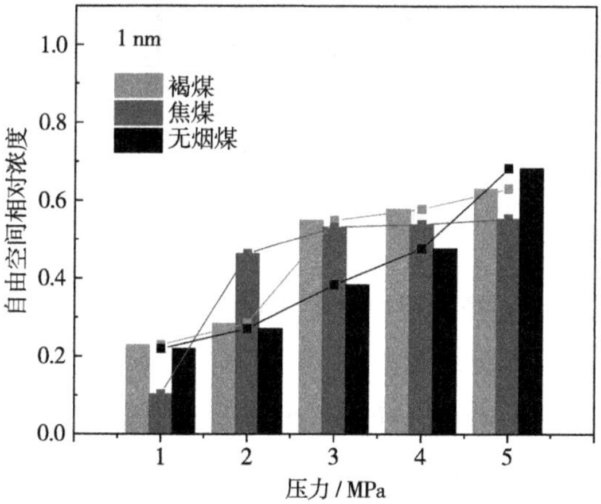

图 6－15　1 nm 孔隙自由空间 CH_4 相对浓度分布

由于孔径尺寸影响，1 nm 孔径中自由空间气体浓度随煤阶的变化规律性

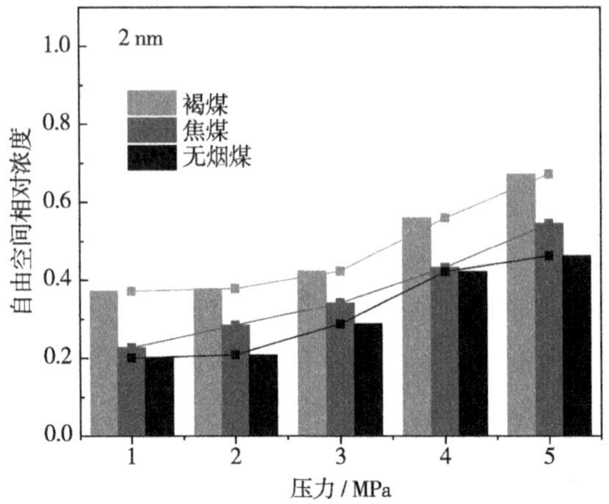

图 6-16　2 nm 孔隙自由空间 CH_4 相对浓度分布

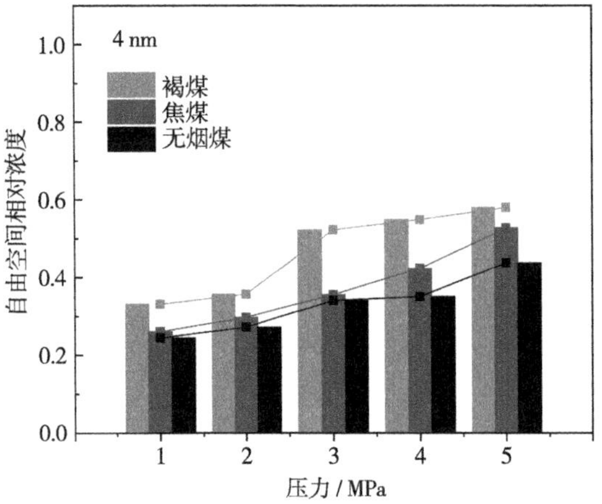

图 6-17　4 nm 孔隙自由空间 CH_4 相对浓度分布

不强，而 2 nm 及 4 nm 孔径中甲烷浓度变化均随煤阶增加而呈现不断下降的趋势，这一结果与煤分子本身结构相关，高阶煤相对于低阶煤对甲烷具有更强的吸附能力，导致煤孔隙表面对气体具有更强的吸附能力，对应同一温度及压力条件下游离在孔隙自由空间内的气体分子浓度较低，这一结果也与现场实践中对应的高变质程度煤体气体解吸难度较高的实验现象保持一致。

6.2.4　不同孔径甲烷扩散系数变化规律

关于不同孔径对应气体扩散特性的研究主要通过对比分析 303.15 K 温度条件下，1 nm、2 nm、4 nm 对应三种不同变质程度煤样中甲烷的扩散系数变化规律。其中，扩散系数的表征也通过自扩散系数、校正扩散系数、传递扩散系数三种形式进行表现，用于描述实际情况下的气体流动规律。其中，图 6－18 为不同孔径条件下甲烷自扩散系数变化情况，整体来看，随着煤体纳米孔隙孔径的增加，煤基质及自由空间内的甲烷扩散系数呈现不断增加的趋势，这一结果与孔隙自由空间体积变化规律保持一致，即随孔径增加对应的自由空间体积增加，导致气体自扩散系数也呈现不断增加的趋势。同时，由于气体扩散与煤体表面结构密

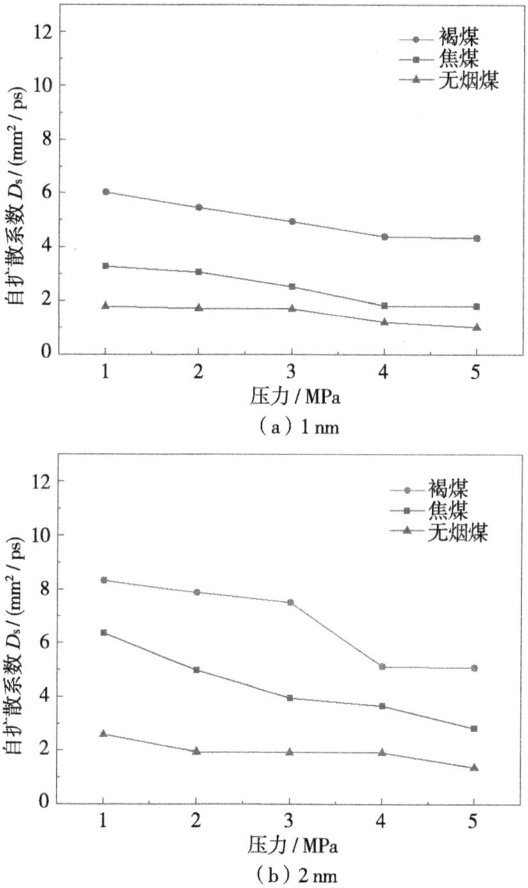

图 6－18　303.15 K 条件下不同孔径甲烷自扩散系数变化

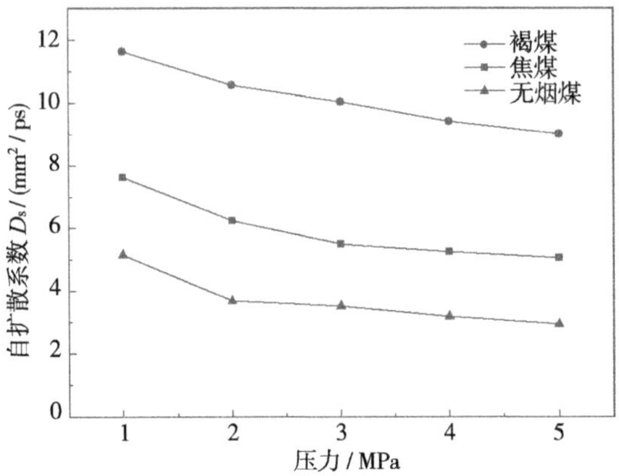

（c）4 nm

图 6 - 18 （续）

切相关，高变质程度煤分子对甲烷有更强的吸附能力，导致大量甲烷分子处于吸附态，游离态数量较少，最终体现在气体扩散系数较小。

各孔径条件下不同煤阶对应的气体扩散系数均为褐煤＞焦煤＞无烟煤，这一结果表明，随煤体变质程度的增加，对应煤大分子对气体的吸附能力呈不断增加的趋势，即气体分子与气体分子间、气体分子与有机质大分子间的相互作用逐渐增强，最终体现在对应的扩散系数呈不断降低的趋势。通过对比分析发现，高、中阶煤对应的扩散系数随压力变化较低阶煤不显著，这一变化趋势也与煤分子的吸附特性密切相关。

基于式(6 - 9)，本节分别对 303.15 K 条件下 1 nm、2 nm、4 nm 孔径对应的三种不同变质程度煤体的热动力学因子进行计算，具体计算方法如下：从热力学角度出发，获得甲烷吸附量随压力的变化情况，此处的压力需要将其转换为逸度进行计算，随后做出逸度随浓度的对数变化曲线图，通过线性拟合获得对应的气体热动力学因子，相关结果如图 6 - 19 所示。

根据定义，热动力学因子可以用来反映气体的逸度随浓度的变化规律。由图 6 - 19 可知，随着煤体纳米孔径的增加，对应的热动力学因子呈不断增加的趋势，同时，同一孔径条件下，随着煤体变质程度的增加，对应的热动力学因子数值也不断增加。因此，热动力学因子的变化情况在一定程度上也可以反映出煤体对甲烷的吸附能力，即随孔径增加、煤体变质程度增加，煤基质对甲烷的吸附能力不断增强，气体吸附量增加对应基质内吸附的气体浓度增加，而逸度作为环境变量不发生变化，最终在热动力学因子方面表现出差异性。

基于热动力学因子计算结果，本节为进一步探究煤体孔隙对应扩散系数变化规律，分别对 303.15 K、1～5 MPa 条件下不同变质程度煤体 1 nm、2 nm 及 4 nm 孔径条件下对应的自扩散系数、修正扩散系数、传递扩散系数进行计算，相关计算结果如表 6 - 2 所示。

整体来看，修正扩散系数及传递扩散系数与自扩散系数的变化趋势基本保持一致。随煤体变质程度及压力的增加，对应扩散系数均逐渐降低且降低幅度不断减小，即对应的气体分子流动性逐渐减弱。同时，同种煤体不同孔径中的气体扩散系数均为 4 nm>2 nm>1 nm，即煤体孔隙扩散系数与孔径之间为正相关的关系，与压力之间为负相关的关系。

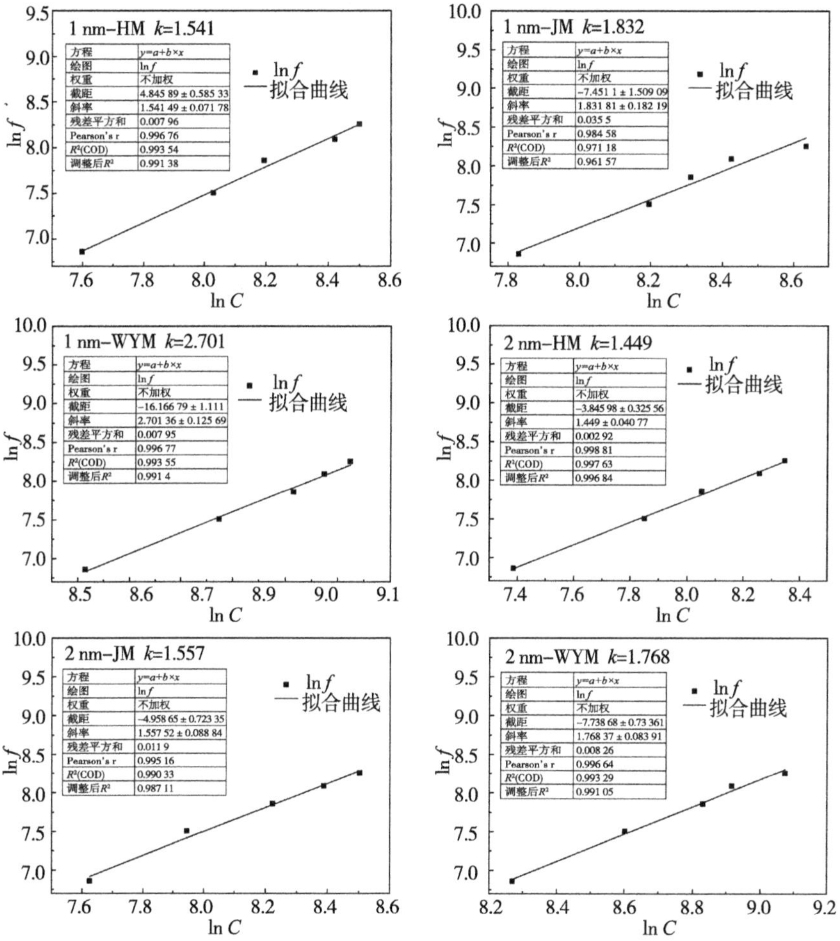

图 6 - 19 不同孔径甲烷热动力学因子

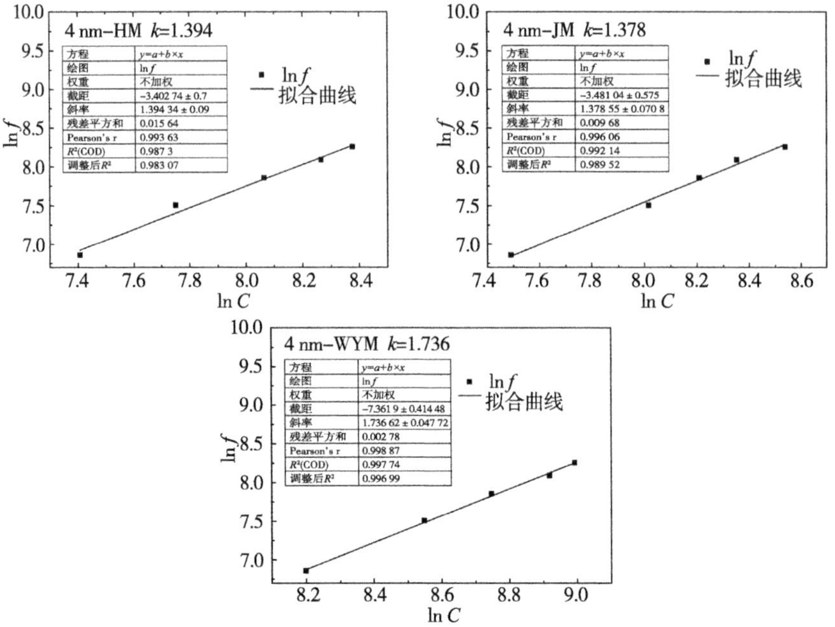

图 6-19 （续）

表 6-2 不同孔径甲烷扩散系数值

孔径/nm	压力/MPa	$D_s/(10^{-8}\ m^2/s)$			$D_c/(10^{-8}\ m^2/s)$			$D_t/(10^{-8}\ m^2/s)$		
		HM	JM	WYM	HM	JM	WYM	HM	JM	WYM
1	1	6.04	3.30	1.82	10.99	6.33	3.21	16.93	11.60	8.67
	2	5.47	3.07	1.75	9.28	5.69	3.17	14.30	10.42	8.57
	3	4.94	2.53	1.71	8.37	4.79	3.18	12.90	8.78	8.58
	4	4.39	1.85	1.23	7.44	3.48	2.21	11.46	6.38	5.97
	5	4.35	1.82	1.03	7.42	3.30	1.85	11.44	6.04	5.00
2	1	8.32	6.36	2.62	17.33	13.17	5.02	25.11	20.50	8.88
	2	7.86	4.99	1.97	15.98	10.02	3.67	23.15	15.60	6.49
	3	7.48	3.95	1.94	14.97	7.79	3.56	21.69	12.13	6.29
	4	5.14	3.67	1.94	10.17	7.11	3.49	14.73	11.07	6.16
	5	5.09	2.83	1.39	9.89	5.41	2.46	14.34	8.42	4.35
4	1	11.63	7.64	5.19	22.07	14.55	9.48	30.76	20.06	16.46
	2	10.55	6.24	3.69	19.48	11.52	6.53	27.16	15.87	11.34
	3	10.05	5.52	3.54	18.20	10.00	6.13	25.38	13.78	10.64

表6-2(续)

孔径/nm	压力/MPa	$D_s/(10^{-8}\ m^2/s)$			$D_c/(10^{-8}\ m^2/s)$			$D_t/(10^{-8}\ m^2/s)$		
		HM	JM	WYM	HM	JM	WYM	HM	JM	WYM
4	4	9.42	5.27	3.20	16.83	9.39	5.48	23.46	12.94	9.51
	5	9.02	5.07	2.96	15.83	8.84	4.96	22.07	12.19	8.60

注:D_s 代表自扩散系数;D_c 代表修正扩散系数;D_t 代表传递扩散系数。

为进一步比较不同变质程度煤体纳米孔隙中的甲烷扩散特性差异,分别将最接近实际扩散特性的传递扩散系数进行曲线分析,相关结果如图 6－20、图 6－21 及图 6－22 所示,图中分别给出了对应变质程度煤体中甲烷扩散系数随孔径变化及压力变化的扩散系数变化率。其中,图中矩形框内数据为传递扩散系数随孔径的变化率,其他数值为扩散系数随压力增加的变化率,箭头代表增加及降低趋势。整体来看,纳米孔隙宽度对扩散系数的影响相较于压力的影响更加显著,其中,孔隙宽度对扩散系数的影响最高可达 43.43%,而压力对扩散系数变化率的最大影响为 32.07%且整体的变化率基本保持在 10%以下。由此可见,孔隙结构参数的变化对扩散系数的影响显著高于以压力为代表的环境参数,同时,当纳米孔隙孔径越大时,对应扩散系数随压力的变化越显著且扩散系数对低压相对于高压更为敏感。

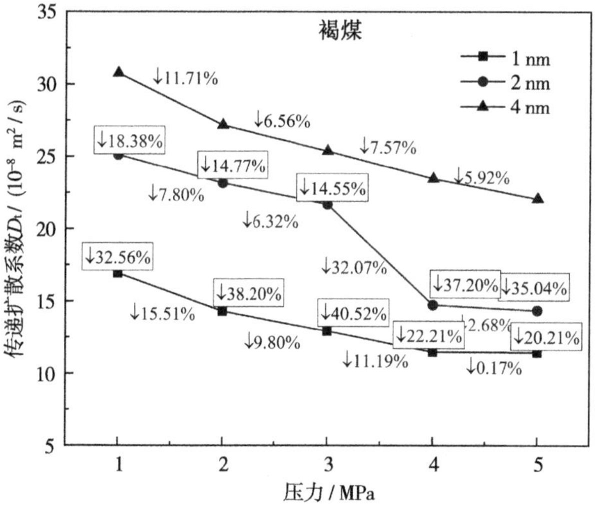

图 6－20　褐煤纳米孔隙甲烷传递扩散系数变化曲线

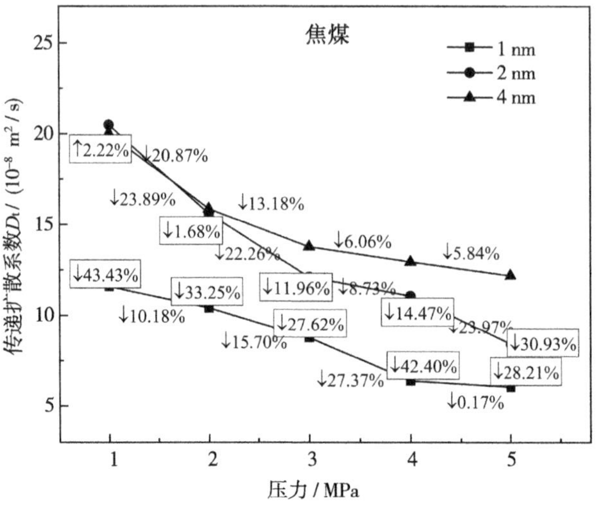

图 6-21　焦煤纳米孔隙甲烷传递扩散系数变化曲线

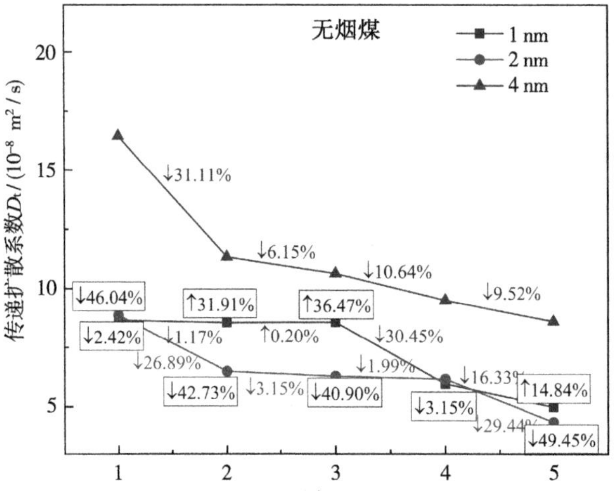

图 6-22　无烟煤纳米孔隙甲烷传递扩散系数变化曲线

6.2.5　不同孔径煤与甲烷相互作用能

分子模拟过程中为表征吸附剂及吸附质之间的相互作用强度，需要计算体系分子间的相互作用能。本书中相互作用能表征煤分子与甲烷分子间的结合能力，根据等温吸附热研究成果，煤与甲烷之间的吸附属于典型物理吸附，因此，在相互作用能的研究过程中还对体系静电能及范德瓦尔斯能变化进行分析，此处的相互作用能可以理解为范德瓦尔斯能与静电能之和。关于不同孔径条件下相互作用能、范德瓦尔斯能、静电能随压力的变化曲线如图 6 - 23、图 6 - 24、图 6 - 25 所示。

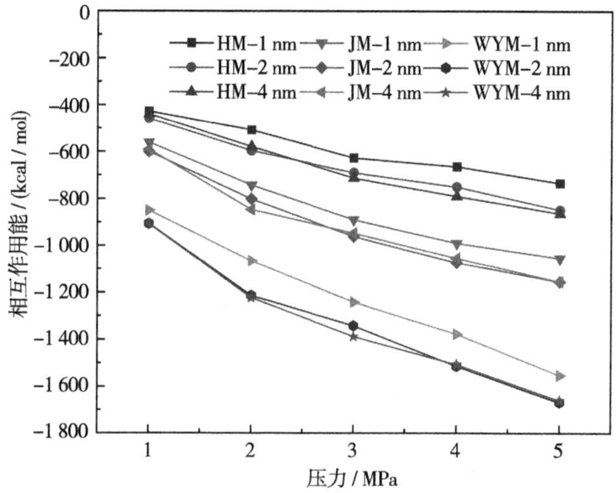

图 6 - 23 不同孔径对应煤与甲烷之间相互作用能随压力变化曲线

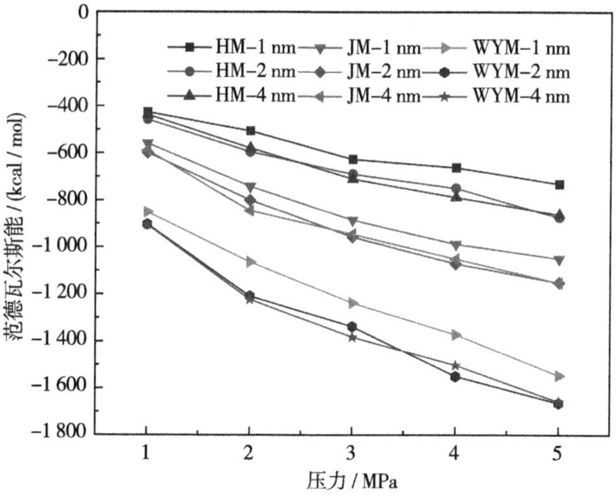

图 6 - 24 不同孔径对应煤与甲烷之间范德瓦尔斯能随压力变化曲线

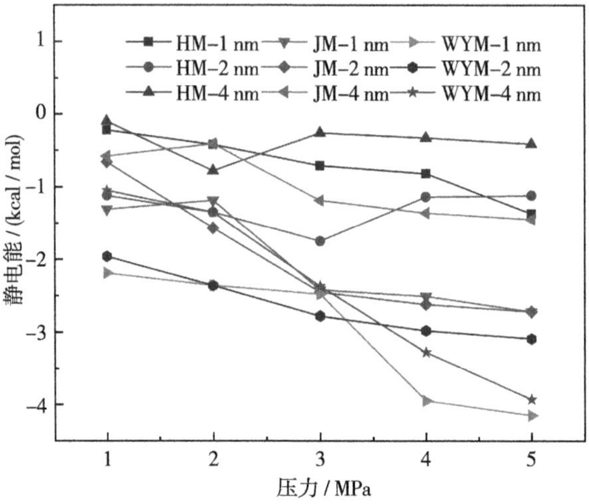

图 6-25　不同孔径对应煤与甲烷之间静电能随压力变化曲线

由图 6-23 可知，煤与甲烷分子之间的相互作用能为负值，表明煤对甲烷的吸附是自发进行的。同时，通过对比图 6-24、图 6-25 中能量变化可知，在煤与甲烷的吸附过程中相互作用以范德瓦尔斯作用为主，静电能所占的比例极低，基本维持在 5 kcal/mol 左右，因此，在分析过程中忽略静电能的影响。从相互作用能的整体变化趋势来看，曲线整体可划分为三个区域，随着煤体变质程度的增加，对应孔隙尺度条件下的相互作用能呈现不断增加的趋势，即变质程度较高的煤体对应壁面对甲烷的吸附能力更强。随着压力的增加，对应气体吸附量不断增加，大量的气体分子积聚在孔壁附近，导致孔壁煤分子与甲烷分子间的相互作用不断增强。其中，随着孔隙压力的增加，对应的相互作用能增加量分别可达 200 kcal/mol、500 kcal/mol 及 900 kcal/mol，由此可见，随着煤体变质程度的增加，对应孔隙中的气固相互作用增加幅度也随煤体变质程度增加而呈正相关的关系。

关于不同孔径对应相互作用能的变化规律以 2 nm 作为分析界限，其中，不同变质程度煤体 2 nm、4 nm 孔径对应的相互作用强度相近，气体对应相互作用强度均大于 1 nm 条件下的相互作用强度。上述现象出现的主要原因为，随着煤体孔径的增加，对应气体吸附量呈现不断增加的趋势，其中，1 nm 孔径条件下气体运动空间受限，气体分子基本平均分布于孔径中间区域。随着孔径的增加，对应气体的运动空间变大，气体吸附量增加，在此过程中煤体与气体间的相互作用强于气体与气体间的相互作用强度，导致气体大量吸附在煤壁附近，最终导致煤与甲烷之间的相互作用强度增加。对于 2 nm 及 4 nm 孔径条件下的气固相互作用能相近的主要原因为，本书中为对比孔径对甲烷吸附的影响，除孔径不同外，对应的孔壁表面积均保持一致，导致孔壁对于甲烷的饱和吸附量基本一致，而 2 nm 及 4 nm 孔径对应的吸附能力差异主要体现在多层吸附上，即同一变质程度煤体 2 nm 及 4 nm 孔径条件下对应的气固界面相互作用能值相近。

6.3　煤体纳米孔隙注气解吸规律

6.3.1　模拟方案

关于不同纳米孔隙对应气体解吸差异机理的研究主要基于 6.2 节中不同温度、压力条件下对应的不同变质程度煤体纳米孔隙甲烷饱和吸附构型展开相关研究。在已有研究中，注气促进解吸的过程大多通过注 N_2、CO_2 实现，在此过程中，气体注入压力的选择对于实现高效解吸具有重要作用。本书中选择注入的气体为 CO_2，气体注入量依据 6.2 节中对应温度、压力条件下的 CO_2 饱和吸附量作为注入参数。注入气体的过程通过 Sorption 模块中的 Fixed Loading 实现，实验设置的注入压力范围为 1～5 MPa，温度设置为 303.15 K，模拟总步数设置为 2×10^6 步，其中，前 1×10^6 步用于模拟加载至平衡态，后 1×10^6 步为生产过程。吸附过程中的构型、电荷、能量计算方法均与 5.3 节中的吸附模型参数设置一致。

在完成注气模拟后共输出 20 个吸附构型，选取其中能量最低的构型进行 500 000 步结构优化，能量收敛条件标准为小于 0.001 kcal/mol，作用力小于 0.005 kcal/mol/Å，位移小于 5×10^{-4} Å。由于进行固定数量吸附的结构模型默认将体系中的所有原子进行固定，因此，在进行结构优化前需要选定后续用于分析的吸附质分子解除其固定状态。随后进行相应的分子动力学计算，具体计算步骤如下：Forcite 模块中选择 Dynamics 进行动力学计算，分别选取微正则系综、正则系综、等温等压系综三个系综对体系进行动力学运算，力场选择为 COMPASS Ⅱ 力场，温度控制方法为 Nose，压力控制方法为 Berendsen，步数设置为 1 000 000 步，时间步长为 1 fs，总模拟时间 1 ns。得到吸附轨迹文件后分

别对模型中的 CH_4 进行标记，分别分析其在孔隙中扩散特性变化规律，最终得到不同注入条件下对应不同孔隙及不同变质程度煤体的 CH_4 解吸情况，从而根据相关理论参数设置现场注入条件，最终为现场实践参数的选择奠定理论基础。

6.3.2 不同孔径注气解吸规律

在研究不同变质程度煤体纳米孔隙中气体解吸特性时，为明确孔隙中气体运移特性，本书选取了三种变质程度煤样对应不同孔径的孔隙模型作为研究对象，分别探究不同孔径条件下对应不同 CO_2 注入压力下对应的 CH_4 解吸特性。关于 CO_2 注入压力的选择分别基于稳定吸附条件下的 CH_4 吸附压力确定，其中，对于孔隙压力为 1 MPa 条件的吸附构型，注入 CO_2 压力为 1～5 MPa，而对于孔隙压力为 2 MPa 条件的吸附构型，注入 CO_2 压力为 2～5 MPa，依次类推。为明确注入压力对甲烷解吸的影响，本书分别对不同注入压力条件下的气体扩散系数变化规律、体系能量变化规律进行研究，从而为后期确定合理的注气压力提供理论依据。

(1) 扩散系数变化规律

本节中分别基于不同孔径条件下对应不同 CO_2 注入压力对原有体系 CH_4 扩散特性的影响计算其对应的自扩散系数，由于本节研究的主要目的为获得最佳的驱替条件，因此，并未对修正扩散系数及传递扩散系数进行计算。根据已有实验研究经验[203-205]，当气体注入煤体后，由于注入气体的压力大于或等于煤储层原始压力，在压力差影响下将会导致原来煤基质中处于吸附态的 CH_4 变为游离态，同时，随着注入气体一起被排出煤体，在此过程中也常伴随着浓度差对其的影响[206]。基于此，本节分别对不同注入压力条件下对应孔隙中的 CH_4 扩散系数进行对比，结合煤体与气体之间的范德瓦尔斯能变化情况初步确定不同孔径在对应孔隙压力条件下的最佳驱替压力。不同条件下对应的扩散系数变化如表 6－3、表 6－4、表 6－5 所示，针对不同孔径及孔隙压力条件下的最优注气解吸压力条件如表 6－6 所示。

整体来看，随煤体孔径增加，对应解吸扩散系数呈不断增加趋势，同时，根据不同孔隙压力分别计算不同注入压力条件下的甲烷扩散系数变化情况，分别在表 6－3、表 6－4、表 6－5 中以加粗字体标出相应的最优扩散系数，该扩散系数对应相应孔隙条件下的最优 CO_2 注入条件，即最优解吸条件。根据不同孔径在对应注入压力条件下的扩散系数变化规律可知，注气解吸过程中，高阶煤的注气解吸效果较低阶煤更为显著。其中，当孔径为 4 nm 时，由于气体分子有更大的运动空间，其对应的扩散系数变化最为显著，当孔隙压力为 1 MPa 时，对应褐煤、焦煤、无烟煤的最优注气解吸条件分别为 4 MPa、3 MPa、2 MPa。上述结果表明，随煤体变质程度增加，对应最优注气解吸压力降低，即所需注入气体量最少，耗能最低。

表 6-3　1 nm 孔径对应扩散系数变化情况

注入压力/MPa \ 孔隙压力/MPa		1	2	3	4	5
HM	1	1.32	—	—	—	—
	2	**1.51**	1.35	—	—	—
	3	1.11	**1.50**	**1.37**	—	—
	4	0.81	0.97	0.99	1.07	—
	5	0.94	1.09	0.93	0.98	0.96
JM	1	1.96	—	—	—	—
	2	**2.93**	1.73	—	—	—
	3	2.14	**2.51**	1.71	—	—
	4	1.99	1.59	**1.84**	1.97	—
	5	1.82	1.48	1.67	1.83	1.34
WYM	1	2.91	—	—	—	—
	2	3.15	2.67	—	—	—
	3	**3.38**	**2.77**	2.61	—	—
	4	2.71	2.42	**2.71**	2.25	—
	5	2.59	2.26	2.53	2.03	1.66

表 6-4　2 nm 孔径对应扩散系数变化情况

注入压力/MPa \ 孔隙压力/MPa		1	2	3	4	5
HM	1	2.38	—	—	—	—
	2	1.96	1.85	—	—	—
	3	**2.21**	**2.17**	1.71	—	—
	4	1.47	2.06	**1.93**	2.01	—
	5	1.52	1.93	1.68	1.94	1.98

表6-4(续)

注入压力/MPa \ 孔隙压力/MPa		1	2	3	4	5
JM	1	2.03	—	—	—	—
	2	**2.75**	1.85	—	—	—
	3	1.58	**2.33**	1.89	—	—
	4	1.53	1.94	**2.01**	1.98	—
	5	1.46	1.76	2.09	2.17	2.26
WYM	1	4.92	—	—	—	—
	2	5.13	2.91	—	—	—
	3	**5.26**	**3.43**	3.11	—	—
	4	4.87	2.97	**3.32**	3.99	—
	5	4.71	2.85	3.08	3.75	2.94

表6-5 4 nm孔径对应扩散系数变化情况

注入压力/MPa \ 孔隙压力/MPa		1	2	3	4	5
HM	1	2.19	—	—	—	—
	2	2.09	1.64	—	—	—
	3	1.97	2.10	1.85	—	—
	4	**2.04**	**2.18**	**2.07**	2.11	—
	5	1.67	1.95	1.73	2.21	2.19
JM	1	5.07	—	—	—	—
	2	3.82	2.98	—	—	—
	3	**2.94**	**3.22**	2.86	—	—
	4	2.51	2.56	**2.63**	2.70	—
	5	2.93	3.14	2.55	2.74	2.66
WYM	1	5.62	—	—	—	—
	2	**6.48**	6.36	—	—	—
	3	5.96	**6.47**	5.78	—	—
	4	6.05	6.24	**6.01**	6.22	—
	5	5.51	5.99	5.95	6.41	6.17

表 6-6 不同孔径及不同孔隙压力对应最优注气解吸压力情况(1~3 MPa 孔隙压力)

孔径/ nm		1 nm	2 nm	4 nm
煤样	孔隙压力/MPa	注气解吸压力/MPa	注气解吸压力/MPa	注气解吸压力/MPa
HM	1	2	3	4
	2	3	3	4
	3	3	4	4
JM	1	2	2	3
	2	3	3	3
	3	4	4	4
WYM	1	3	3	2
	2	3	3	3
	3	4	4	4

关于不同孔径条件下对应甲烷扩散系数的变化情况如下,随孔径增大,对应最优注气解吸压力呈不断增加趋势。其中,当孔隙压力为 1 MPa 时,随孔径增加,三种煤样对应的最佳注气解吸压力分别为 1nm 孔径 2 MPa、2 MPa、3 MPa,2 nm 孔径 3 MPa、2 MPa、3 MPa,4 nm 孔径 4 MPa、3 MPa、2 MPa。上述现象表明,随孔径增加,对应气体吸附自由空间增加,注入 CO_2 后首先占据原孔隙自由空间,随后完成后续竞争吸附过程,其中,4 nm 孔径对应自由空间显著高于其余两种孔径条件,因此,为实现后续的有效解吸过程中需要更大的注入压力即更多的注入量才能实现 CH_4 有效驱替置换。

通过观察不同变质程度煤样在相同孔径条件下对应的 CH_4 扩散系数变化规律可知,随着煤体变质程度的增加,对应孔隙 CH_4 扩散系数呈不断增加趋势,与不同孔径双组分气体竞争吸附结果对比后可知,当 CO_2 浓度较低时对应的竞争吸附优势更明显,同时,高阶煤竞争吸附优势更明显,因此,在注气解吸过程中,高阶煤对应解吸效果也更为理想。

关于同种变质程度煤体孔隙对应注气解吸 CH_4 扩散系数变化规律可知,随着孔隙压力的增加,对应扩散系数呈不断下降趋势,这一结果与 6.2 节中纯 CH_4 扩散系数随孔隙压力增加而降低的趋势保持一致。然而,在注气解吸过程中对应孔隙压力条件下,随注气压力增加,扩散系数呈先增大后减小的趋势,由此可知,CO_2 注入能够有效促进孔隙 CH_4 解吸,同时,随注气压力增加,初期 CO_2 促解吸优势显著,后期压力抑制作用显著。

综上所述,注气解吸作为现阶段提升矿井瓦斯抽采量的主要手段之一,在选择注入压力时应当充分考虑煤体孔隙对气体吸附特性影响，首先确定煤体孔隙分布特征，初步确定煤体孔隙的主要类型，包含孔隙形态、孔径等重要参数；其次，确定相关孔隙结构特征后应对孔隙甲烷赋存压力进行初步测定，根据孔隙赋存压力选定相应的注气压力条件；最后，在驱替置换的过程中应当对煤体孔隙甲烷解吸能力进行实时测定，计算对应条件下的甲烷扩散系数以评估注气解吸效果。然而，由于计算量限制，本书现阶段仅对微孔中的注气解吸条件进行计算，实际生产过程中，煤体孔隙结构复杂，根据矿井实际情况重构煤体孔隙结构模型并针对性计算注气解吸最优条件将成为实现后续矿井瓦斯抽采的重要理论依据。

(2) 体系能量变化规律

关于不同注入压力对体系能量的影响主要通过分析非键相互作用中的范德瓦尔斯能变化实现。根据 6.1 节中等量吸附热的研究结果可知，煤体孔隙内气体与孔壁之间的吸附主要以物理吸附为主，因此，在相互作用能中主要为范德瓦尔斯能及静电能相互作用。研究过程中发现，非键相互作用中的静电能基本维持在 50 kcal/mol 左右，相较于大于 1 000 kcal/mol 的范德瓦尔斯相互作用几乎可以忽略。基于此，本节中分别列出三种煤样孔隙对应三种孔径在不同注入压力条件下吸附结构平衡前后的范德瓦尔斯能变化情况，相关结果如表 6－7、表 6－8、表 6－9 所示。其中，在相同孔隙压力条件下，随着 CO_2 注入压力增加，对应体系范德瓦尔斯能呈现不断增加的趋势(此处由于计算得到的能量均为负值，因此仅对其绝对值变化进行比较)，即随注入气体压力增加，对应的注入气体量也不断增加，体系范德瓦尔斯能包含气体与壁面及气体与气体相互作用的总和，最终导致整个体系范德瓦尔斯能随气体注入压力增加而增加。

以实际生产过程中最易解吸的褐煤为例，表 6－7 中结果显示，随孔径增大，注入压力增大，对应的范德瓦尔斯能呈不断增加趋势。当孔径为 1 nm，孔隙压力为 1 MPa 时，随注入压力增加至 5 MPa 时，解吸构型的范德瓦尔斯能由－875.5 kcal/mol 增加至－1 937.47 kcal/mol，增幅为 121.29％，孔隙压力为 2 MPa 时对应增幅为 22.64％，孔隙压力为 3 MPa 时对应增幅为 10.55％，孔隙压力为 4 MPa 时对应增幅为 2.54％；当孔径为 2 nm 时对应增幅分别为 97.04％、51.70％、47.54％及 8.29％；当孔径为 4 nm 时对应增幅分别为 75.14％、57.04％、35.40％及 2.50％。关于焦煤不同孔径注入压力对范德瓦尔斯能的影响分别如下，孔隙压力为 1 MPa 时，对应不同孔径能量增加分别为 60.25％、33.79％及 148.33％；孔隙压力为 2 MPa 时，增幅为 22.11％、8.67％

表 6－7　褐煤纳米孔隙不同注入压力初始构型及解吸构型范德瓦尔斯能 E_v 变化情况表(kcal/mol)

孔径/nm	注入压力/MPa	孔隙压力 1 MPa		孔隙压力 2 MPa		孔隙压力 3 MPa		孔隙压力 4 MPa		孔隙压力 5 MPa	
		初始 E_v	解吸 E_v	初始 E_v	解吸 E_v	初始 E_v	解吸 E_v	初始 E_v	解吸 E_v	初始 E_v	解吸 E_v
1	1	−480.84	−875.50	—	—	—	—	—	—	—	—
	2	−827.41	−1 447.08	−1 337.91	−2 216.19	—	—	—	—	—	—
	3	−990.48	−1 720.85	−1 527.50	−2 520.04	−1 663.35	−2 713.35	—	—	—	—
	4	−1 081.11	−1 933.38	−1 554.65	−2 728.56	−1 785.98	−2 972.04	−1 780.92	−3 082.16	—	—
	5	−1 100.74	−1 937.47	−1 615.35	−2 717.92	−1 776.79	−2 999.56	−1 787.64	−3 160.36	−1 821.15	−3 228.48
2	1	−763.65	−1 198.65	—	—	—	—	—	—	—	—
	2	−855.57	−1 379.51	−1 122.98	−2 409.64	—	—	—	—	—	—
	3	−1 098.44	−1 744.93	−1 465.23	−2 711.57	−1 899.12	−2 799.65	—	—	—	—
	4	−1 205.73	−2 050.35	−1 783.45	−3 163.98	−2 015.36	−3 474.69	−2 316.79	−3 789.53	—	—
	5	−1 258.99	−2 361.78	−1 905.77	−3 655.25	−2 377.43	−4 130.61	−2 643.91	−4 103.66	−2 811.72	−3 905.11
4	1	−1 275.83	−2 448.93	—	—	—	—	—	—	—	—
	2	−1 287.75	−2 516.97	−934.87	−3 256.76	—	—	—	—	—	—
	3	−1 272.61	−3 267.57	−956.92	−3 477.02	−1 552.49	−2 876.14	—	—	—	—
	4	−1 264.87	−4 070.14	−1 221.87	−4 223.24	−1 508.43	−4 405.57	−1 388.23	−4 199.87	—	—
	5	−1 238.03	−4 288.96	−1 344.65	−4 409.71	−1 486.36	−4 516.78	−1 452.43	−4 304.56	−1 619.69	−4 478.53

表 6-8　焦煤纳米孔隙不同注入压力初始构型及解吸构型范德瓦尔斯能 E_v 变化情况表(kcal/mol)

孔径/nm	注入压力/MPa	孔隙压力 1 MPa		孔隙压力 2 MPa		孔隙压力 3 MPa		孔隙压力 4 MPa		孔隙压力 5 MPa	
		初始 E_v	解吸 E_v	初始 E_v	解吸 E_v	初始 E_v	解吸 E_v	初始 E_v	解吸 E_v	初始 E_v	解吸 E_v
1	1	−1 148.16	−1 958.52	—	—	—	—	—	—	—	—
	2	−1 512.37	−2 564.51	−1 681.34	−2 791.18	—	—	—	—	—	—
	3	−1 710.71	−2 910.51	−1 900.25	−3 149.67	−2 037.53	−2 282.25	—	—	—	—
	4	−1 836.65	−3 148.53	−1 996.08	−3 429.95	−2 117.31	−2 461.67	−2 237.02	−2 637.62	—	—
	5	−1 876.24	−3 138.56	−2 058.56	−3 408.03	−2 258.76	−2 369.24	−2 292.58	−2 661.54	−2 387.48	−2 681.59
2	1	−1 115.39	−1 988.45	—	—	—	—	—	—	—	—
	2	−1 666.89	−2 954.64	−1 835.05	−3 505.68	—	—	—	—	—	—
	3	−1 731.51	−3 060.11	−1 812.61	−3 665.71	−1 987.92	−3 629.52	—	—	—	—
	4	−1 934.86	−3 246.12	−2 225.02	−3 680.86	−2 216.24	−3 825.72	−2 376.44	−4 068.36	—	—
	5	−1 988.11	−2 660.34	−2 322.27	−3 809.47	−2 403.22	−3 976.58	−2 467.29	−4 307.61	−2 493.09	−4 493.88
4	1	−1 910.62	−3 366.28	—	—	—	—	—	—	—	—
	2	−2 544.71	−4 427.09	−2 803.26	−4 703.67	—	—	—	—	—	—
	3	−4 523.28	−7 557.64	−4 796.41	−6 816.04	−4 980.38	−6 987.86	—	—	—	—
	4	−5 747.69	−7 657.85	−6 031.81	−7 958.64	−7 381.23	−8 267.31	−7 953.61	−8 633.97	—	—
	5	−6 342.93	−8 359.51	−7 758.99	−8 717.05	−8 057.23	−8 961.81	−8 224.26	−9 087.91	−8 476.65	−9 131.53

表 6-9　无烟煤纳米孔隙不同注入压力初始构型及解吸构型范德瓦尔斯能 E_v 变化情况表(kcal/mol)

孔径/nm	注入压力/MPa	孔隙压力 1 MPa		孔隙压力 2 MPa		孔隙压力 3 MPa		孔隙压力 4 MPa		孔隙压力 5 MPa	
		初始 E_v	解吸 E_v	初始 E_v	解吸 E_v	初始 E_v	解吸 E_v	初始 E_v	解吸 E_v	初始 E_v	解吸 E_v
1	1	−2 647.44	−2 955.28	—	—	—	—	—	—	—	—
	2	−3 154.34	−3 375.55	−3 136.85	−3 412.36	—	—	—	—	—	—
	3	−3 772.31	−3 945.71	−3 810.65	−3 940.87	−3 822.17	−3 939.23	—	—	—	—
	4	−3 921.83	−3 998.75	−3 925.27	−3 972.53	−3 963.62	−4 001.66	−3 876.88	−4 209.21	—	—
	5	−4 066.62	−4 198.26	−3 933.62	−3 996.27	−4 099.69	−4 139.99	−4 107.67	−4 333.85	−4 198.21	−4 387.65
2	1	−2 654.47	−3 066.86	—	—	—	—	—	—	—	—
	2	−2 836.97	−4 027.92	−3 240.98	−3 995.78	—	—	—	—	—	—
	3	−3 254.32	−4 238.68	−3 689.65	−4 232.77	−3 876.03	−4 197.51	—	—	—	—
	4	−3 442.72	−4 344.14	−3 924.64	−4 300.01	−4 056.23	−4 195.67	−4 160.43	−4 270.48	—	—
	5	−3 717.26	−4 514.02	−4 187.34	−4 456.76	−4 295.65	−4 447.72	−4 399.86	−4 411.49	−4 406.71	−4 511.98
4	1	−2 789.27	−3 112.68	—	—	—	—	—	—	—	—
	2	−3 016.69	−4 025.12	−3 354.53	−4 594.56	—	—	—	—	—	—
	3	−3 979.85	−4 724.23	−4 083.05	−4 899.47	−4 318.13	−5 332.06	—	—	—	—
	4	−4 411.85	−5 057.59	−4 555.75	−5 252.56	−4 965.89	−5 599.34	−5 155.47	−5 769.54	—	—
	5	−4 608.43	−5 366.81	−4 715.77	−5 457.99	−5 173.64	−5 688.53	−5 649.12	−5 889.91	−5 655.92	−5 945.87

及85.32%；孔隙压力为3 MPa时，对应增幅分别为3.81%、9.56%及28.25%；孔隙压力为4 MPa时，分别增加0.91%、5.88%、5.26%。关于无烟煤不同孔径注入压力对范德瓦尔斯能的影响分别如下，孔隙压力为1 MPa时，对应不同孔径能量增加分别为42.06%、47.19%及72.42%；孔隙压力为2 MPa时，增幅为17.11%、11.54%及18.79%；孔隙压力为3 MPa时，对应增幅分别为5.10%、5.96%及6.69%；孔隙压力为4 MPa时，分别增加2.96%、3.30%、2.09%。

根据不同孔径及不同注入压力条件下的范德瓦尔斯能增幅变化可知，在同种变质程度煤体中，随孔径增加，对应范德瓦尔斯能增幅呈不断下降趋势，同种孔径条件下，随注入压力增加，对应范德瓦尔斯能增幅也不断下降，随煤体变质程度增加，对应孔径条件下范德瓦尔斯能增幅逐渐减小。出现上述现象的主要原因为，同种孔径条件下，随煤体变质程度增加，对应孔壁对气体的吸附能力逐渐增强，气体与孔壁间的相互作用占据非键相互作用中的大多数，此时对应的气体间相互作用对整个体系的范德瓦尔斯能影响不显著。随孔径增加，对应体系能量增幅逐渐减少，同时，变质程度越高，增幅越小，上述现象出现的原因也与孔壁特性相关，孔壁特性决定吸附能力，孔径越大，对应能量变化越不显著。

6.4 本章小结

① 在同种孔径条件下，随温度升高，对应孔隙甲烷吸附量减少；随压力增加，吸附量增加；随变质程度增加，吸附量增加。同时，孔隙CH_4浓度分布结果显示，孔壁周围CH_4浓度显著高于孔隙区域，表明赋存于煤体孔隙的甲烷相较于煤基质中赋存的甲烷更容易解吸。CH_4在不同煤阶真空层孔隙中的浓度分布随温度及压力的升高不断增加且吸附主要存在于煤基质中，真空层中的甲烷大多通过扩散进入孔隙中，同时，高变质程度煤体孔隙自由空间甲烷浓度较低。随压力增加，对应孔隙自由空间甲烷扩散系数不断降低，随煤体变质程度的增加，对应扩散系数不断降低。

② 不同孔径条件下，随孔径增加，甲烷吸附自由空间不断增加，但受孔隙表面结构差异的影响，指定温度及压力条件下对应的甲烷饱和吸附量差异并不随孔径增加倍数而增加。不同孔径中气体等量吸附热对温度变化均不敏感，三种温度条件下对应的气体等量吸附热变化幅度较小。随孔径增大，对应等量吸附

热降低。随压力增加、CO_2 所占摩尔比增加，对应的选择吸附系数减小，即高压、高浓度 CO_2 均不利于竞争吸附的进行，同时，微孔竞争吸附中低浓度 CO_2 在高阶煤竞争吸附中具有显著优势。

③ 不同孔径中，随孔隙压力增加，对应自由空间气体浓度增加。1 nm 孔径中自由空间气体浓度随煤阶的变化规律性不强，而 2 nm 及 4 nm 孔径中甲烷浓度变化均随煤阶增加而减小。不同孔径 CH_4 扩散系数变化规律为，扩散系数与孔径正相关，与压力负相关。纳米孔隙宽度对扩散系数的影响相较于压力的影响更加显著，同时，当纳米孔隙孔径越大时，对应扩散系数随压力的变化越显著且扩散系数对低压相对于高压更为敏感。

④ 随煤体变质程度增加，对应孔隙尺度条件下的体系相互作用能不断增加。随孔隙压力增加，对应孔隙中的气固相互作用增加幅度与煤体变质程度正相关。随孔径增加，对应气体运动空间变大，气体吸附量增加，煤与甲烷之间的相互作用强度增加。在 2 nm、4 nm 孔径条件下，由于存在多层吸附影响，对应气固界面相互作用能数值相近。

⑤ 不同孔径对应最优注气解吸压力结果显示，随煤体孔径增加，对应孔隙甲烷解吸扩散系数呈不断增加趋势，对应最优注气解吸压力呈不断增加趋势。随煤体变质程度增加，对应孔隙 CH_4 扩散系数呈不断增加趋势。同种变质程度煤体孔隙，随注气压力增加，扩散系数呈先增大后减小的趋势，同时，初期 CO_2 促解吸优势显著，后期压力抑制作用显著。对应范德瓦尔斯能变化趋势为，在同种变质程度煤体中，随孔径增加，对应范德瓦尔斯能增幅减小；同种孔径条件下，随注入压力增加，对应范德瓦尔斯能增幅不断下降；同种孔径条件下，随煤体变质程度增加，对应孔径条件下范德瓦尔斯能增幅逐渐减小。随孔径增加，对应体系能量增幅逐渐减少，同时，变质程度越高，增幅越小，即孔壁特性决定吸附能力，孔径越大，对应能量变化越不显著。

第 7 章　结论与展望

7.1　结论

针对目前煤体微孔甲烷较难解吸的研究现状，本书通过实验与分子模拟相结合的研究方法对三种变质程度不同煤样结构进行表征，构建相应的大分子煤结构模型、煤基质模型及煤孔隙结构模型。分别探究了三种煤样对应基质及孔隙结构的单组分、多组分气体赋存特征，对比不同温度及压力条件下煤基质及煤孔隙中的气体流动规律。基于煤孔隙结构稳定吸附模型探究不同气体注入压力条件对甲烷解吸特性的影响，初步确定不同孔径对应的最佳解吸条件，进而为后期实现煤体微孔甲烷有效驱替提供理论指导。主要研究结果如下：

① 通过傅里叶红外光谱、固体核磁共振、X 射线光电子能谱等测试方法，对赵固煤矿无烟煤、西山煤矿焦煤、塔山煤矿褐煤的官能团种类、碳元素种类进行了定性及定量分析。实验结果显示三种煤样中占比最高的均为质子化芳碳结构，其余碳结构随变质程度不同而呈现不同程度差异；随变质程度增加，煤大分子对应的芳环数量逐渐增多，芳构化程度增加，脂碳率降低；三种煤样中碳的主要存在方式为 C═C，氮的存在形式主要为吡啶氮及吡咯氮，硫的存在形式主要为噻吩硫。基于上述测试结果，结合元素分析结果初步确定三种煤样结构式，利用 ChemDraw 软件初步构建三种煤的大分子模型并根据测试结果进行煤平面结构优化。随后将初步构建的模型导入 Material Studio 8.0 进行结构优化、退火、分子动力学计算以获得能量最小化模型，验证所构建模型元素含量、密度后确定模型正确性以用于后续计算。

② 基于煤大分子结构模型构建相应的煤基质模型，对模型进行结构优化以获得最低能量构型，探究三种不同变质程度煤体对应单一组分及 CH_4、CO_2 二元混合组分吸附特性差异。随煤体变质程度增加，煤体对单组分气体吸附量呈不断增加趋势，且煤基质对 CO_2 的吸附能力显著高于 CH_4，吸附特性均符合 Langmuir 吸附模型。CH_4 等量吸附热与煤体变质程度正相关，CO_2 等量吸附

热与煤体变质程度为负相关，同时，等量吸附热对压力不敏感。关于二元混合气体吸附规律为，混合气体吸附量随变质程度增加而不断增加，随温度升高而降低，当混合气体中 CO_2 所占摩尔比大于 0.2 时，CO_2 竞争吸附优势不明显。不同变质程度煤体中 CH_4/CO_2 的选择吸附性均随 CO_2 所占摩尔比的增加而逐渐减小，303.15 K(30 ℃)、2～4 MPa、CH_4/CO_2＝0.9∶0.1 有利于 CO_2 对 CH_4 的竞争吸附。二元混合气体吸附过程中，等量吸附热受温度的影响不显著，褐煤中混合气体等量吸附热均高于纯气体，焦煤、无烟煤中混合气体等量吸附热均低于纯气体，结果表明，吸附量不完全受等量吸附热控制，还与其他吸附空间等因素有关。

③ 提出了简化煤体孔隙甲烷流动物理模型，研究发现，气体运移主要依托于压差的作用，孔隙内部压力及外部大气压共同发挥阻止孔隙瓦斯向外扩散的状态，同时，孔隙中的吸附态与游离态瓦斯之间存在摩擦力及黏滞阻力相互作用。微孔中甲烷以吸附态为主，扩散的主要形式为表面扩散，体积扩散较少，最终导致扩散周期延长。同时，为构建符合真实情况的煤体孔隙模型，对三种煤样的煤体孔隙分布情况进行实验测定，结果表明，煤体微孔对应的孔容及孔面积最大，孔径分布以 10 nm 以下微孔为主，对应 2～4 nm 微孔数量最多。根据实验测定结果结合已构建煤大分子模型构建符合实际的煤体孔隙结构模型，构建的孔隙模型孔径分别为 1 nm、2 nm、4 nm。

④ 揭示了煤体微孔气体赋存及流动规律：随温度升高，对应微孔气体吸附量减少；随压力增加，吸附量增加；吸附量与煤体变质程度正相关。根据孔隙甲烷浓度分布结果可知，煤体孔隙的甲烷相较于煤基质中赋存的甲烷更容易解吸，孔隙自由空间气体扩散特性与压力、变质程度负相关。不同孔径中，气体饱和吸附量与孔隙体积非线性相关，同时，对应不同孔径等量吸附热对温度不敏感且孔径越大对应等量吸附热越低。根据不同孔径气体竞争吸附结果可知，高压、高浓度 CO_2 均不利于 CH_4 竞争吸附，低浓度 CO_2 在高阶煤竞争吸附中优势显著。不同孔径随孔隙压力增加，对应自由空间气体浓度不断增加。不同孔径 CH_4 扩散系数变化规律为，扩散系数对孔径相较于压力更敏感且孔径越大越明显，同时，扩散系数对低压相对于高压更为敏感。相互作用能变化规律为，随孔隙压力增加，对应孔隙中的气固相互作用增加幅度与煤体变质程度正相关，存在多层吸附时，相互作用能差异不显著。

⑤ 基于孔隙甲烷饱和吸附构型分别注入 CO_2，通过分析注 CO_2 后不同孔径对应孔隙甲烷扩散系数变化情况得出对应孔径最优注气解吸压力。结果表

明，随煤体孔径增加，对应孔隙甲烷解吸扩散系数及注气解吸压力不断增加；随煤体变质程度增加，对应孔隙 CH_4 扩散系数不断增加；同种变质程度煤体孔隙，随注气压力增加，扩散系数先增大后减小，同时，随注气压力增加，初期 CO_2 促解吸优势显著，后期压力抑制作用显著。注气解吸过程中的能量变化规律为，非键相互作用占主导地位，主要为范德瓦尔斯能相互作用，孔隙压力相同时，范德瓦尔斯能随 CO_2 注入压力增加而增加；同一孔径条件下，随注入压力增加及变质程度增加，对应能量增幅减小；孔壁决定吸附能力，孔径越大，能量变化越不显著。

7.2 展望

本书基于多种测试手段构建了对应煤大分子结构模型、煤基质模型、煤孔隙结构模型，对比分析了不同孔隙条件下对应的气体赋存及流动特性差异，获得了煤体孔隙甲烷的赋存及流动机理，然而，研究过程中仍存在诸多不足，在以后的研究中可以从以下几个方面进行深入研究：

① 本书中构建的煤体孔隙结构模型仅选取了三种不同变质程度的煤样，然而，针对不同的煤基质，对应的孔隙结构特性差异明显，在以后的研究中应当根据矿井实际煤层情况构建相应的煤结构模型，丰富孔隙模型尺寸，从而为后期较为准确的提出增产方案提供理论指导。

② 由于计算能力限制，本书在对孔隙气体的吸附特性研究中仅选择了一种温度且压力范围较小，以后应当将研究条件进一步完善，综合考虑高、中、低压条件（对应地层压力）及地层温度对孔隙气体吸附特性的影响，从而保证研究成果的系统性及完整性。

③ 本书中选取的驱替气体为 CO_2，但实际生产过程中存在 N_2 驱替的情况也较多，在以后的研究中可以进一步丰富驱替气体种类，根据气体的种类优选对应孔径的驱替条件，同时，可将理论研究成果与实验相对应，从而更为准确地用于现场实践。

参考文献

[1] 李洪言，于淼，郑一鸣，等. 基于情景的2050年世界能源供需展望分析：基于《bp 世界能源展望（2023 年版）》[J]. 天然气与石油，2023，41(5)：131－137.

[2] 国家统计局. 中华人民共和国2022年国民经济和社会发展统计公报[J]. 中国统计，2023(3)：12－29.

[3] 叶建平. 中国煤层气勘探开发及其科技进步历程回顾与思考[J]. 煤田地质与勘探，2025，53(1)：1－15.

[4] ZHOU W N, WANG H B, ZHANG Z, et al. Molecular simulation of $CO_2/CH_4/H_2O$ competitive adsorption and diffusion in brown coal[J]. RSC advances，2019，9(6)：3004－3011.

[5] 刘会虎，范正谱，徐宏杰，等. 煤层甲烷吸附相密度、吸附模型、吸附机理的再认识[J]. 煤炭学报，2023，48(10)：3806－3817.

[6] 姜延航，周露函，白刚，等. 煤层注热 CO_2 驱替 CH_4 特性实验研究[J]. 中国安全生产科学技术，2022，18(10)：70－77.

[7] 桑树勋，韩思杰，刘世奇，等. 高煤阶煤层气富集机理的深化研究[J]. 煤炭学报，2022，47(1)：388－403.

[8] 张超林，王恩元，许江，等. 煤层瓦斯压力对瓦斯抽采效果的影响[J]. 采矿与安全工程学报，2022，39(3)：634－642.

[9] 秦勇，申建，史锐. 中国煤系气大产业建设战略价值与战略选择[J]. 煤炭学报，2022，47(1)：371－387.

[10] 黄中伟，李国富，杨睿月. 我国煤层气开发技术现状与发展趋势[J]. 煤炭学报，2022，47(9)：3212－3238.

[11] 杨兆中，袁健峰，朱静怡，等. 煤层气注热增产研究进展[J]. 油气藏评价与开发，2022，12(4)：617－625，632.

[12] 杨长鑫，杨兆中，李小刚，等. 中国煤层气地面井开采储层改造技术现状与展望[J]. 天然气工业，2022，42(6)：154－162.

[13] 倪冠华，李钊，温永瓒，等. CO_2 注入下煤层气产出及储层渗透率演化规律[J]. 采矿与安全工程学报，2022，39(4)：837－846.

[14] 张松航，唐书恒，张守仁，等. 不同排采程度煤储层注 CO_2 驱煤层气模拟评价[J]. 煤炭学报，2022，47(3)：1275－1285.

[15] 王雅丽，李治刚，郭红光. 超临界 CO_2 压裂煤岩储层增产煤层气应用发展前景[J]. 中国矿业，2021，30(10)：160－167.

[16] XIONG Q R，LI K，YANG D S，et al. Characterizing coal pore space by gas adsorption，mercury intrusion，FIB－SEM and μ－CT[J]. Environmental Earth sciences，2020，79(10)：201－215.

[17] YAN J W，MENG Z P，ZHANG K，et al. Pore distribution characteristics of various rank coals matrix and their influences on gas adsorption [J]. Journal of petroleum science and engineering，2020，189(1):107041.

[18] MOU P，PAN J，NIU Q，et al. Coal pores：methods，types，and characteristics[J]. Energy and fuels，2021，35(9)：7467－7484.

[19] LIU Y，ZHU Y M，LIU S M，et al. Temperature effect on gas adsorption capacity in different sized pores of coal：experiment and numerical modeling [J]. Journal of petroleum science and engineering，2018，165:821－830.

[20] DANG Y，ZHAO L M，LU X Q，et al. Molecular simulation of CO_2/CH_4 adsorption in brown coal：effect of oxygen-，nitrogen-，and sulfur-containing functional groups [J]. Applied surface science，2017，423(30)：33－42.

[21] NIE B S，LIU X F，YANG L L，et al. Pore structure characterization of different rank coals using gas adsorption and scanning electron microscopy[J]. Fuel，2015，158(15)：908－917.

[22] CHEN S，TAO S，TANG D，et al. Pore structure characterization of different rank coals using N_2 and CO_2 adsorption and its effect on CH_4 adsorption capacity：a case in Panguan syncline，western Guizhou，China[J]. Energy and fuels，2017，31(6)：6034－6044.

[23] WANG Y J，LIU D M，CAI Y D，et al. Variation of petrophysical properties and adsorption capacity in different rank coals：an experimental study of coals from the Junggar，Ordos and Qinshui Basins in China[J]. Ener-

gies, 2019, 12(6): 986.

[24] 聂百胜，段三明. 煤吸附瓦斯的本质[J]. 太原理工大学学报，1998，29(4): 417 - 421.

[25] MOSHER K, HE J J, LIU Y Y, et al. Molecular simulation of methane adsorption in micro-and mesoporous carbons with applications to coal and gas shale systems [J]. International journal of coal geology, 2013, 109: 36 - 44.

[26] HAN S J, SANG S X, ZHANG J C, et al. Assessment of CO_2 geological storage capacity based on adsorption isothermal experiments at various temperatures: a case study of No. 3 coal in the Qinshui Basin[J]. Petroleum, 2023,9(2):274 - 284.

[27] ZHANG L, LI B, XIA Y C, et al. Wettability modification of Wender lignite by adsorption of dodecyl poly ethoxylated surfactants with different degree of ethoxylation: a molecular dynamics simulation study[J]. Journal of molecular graphics and modelling, 2017, 76: 106 - 117.

[28] SHINN J H. From coal to single-stage and two-stage products: a reactive model of coal structure[J]. Fuel, 1984, 63(9):1187 - 1196.

[29] HATCHER P G. Chemical structural models for coalified wood (vitrinite) in low rank coal[J]. Organic geochemistry, 1990, 16(4): 959 - 968.

[30] 何选明. 煤化学[M]. 2 版. 北京：冶金工业出版社，2010.

[31] FUCHS W, SANDHOFF A G. Theory of coal pyrolysis[J]. Industry and engineering chemistry,1942,34(5):567 - 571.

[32] GIVEN P H. Structure of bituminous coals: evidence from distribution of hydrogen[J]. Nature, 1959,184: 980 - 981.

[33] HILL G B, LYON L B. A new chemical structure for coal[J]. Industrial and engineering chemistry, 1962, 54(6): 36 - 41.

[34] HIRSCH P B. X-ray scattering from coals[J]. Proceedings of the Royal Society of London, 1954, 226(1165): 143 - 169.

[35] PAPPANO P J, MATHEWS J P, SCHOBERT H. Structural determinations of Pennsylvania anthracites[J]. Fuel and energy abstracts, 1999, 44(3):567 - 568.

[36] XIANG J H, ZENG F G, LI B, et al. Construction of macromolec-

ular structural model of anthracite from Chengzhuang coal mine and its molecular simulation[J]. Journal of fuel chemistry and technology, 2013, 41(4): 391 - 400.

[37] 周世宁. 瓦斯在煤层中流动的机理[J]. 煤炭学报, 1990, 15(1): 15 - 24.

[38] 何学秋, 聂百胜. 孔隙气体在煤层中扩散的机理[J]. 中国矿业大学学报, 2001, 30(1): 3 - 6.

[39] BAYKASOGLU C, MERT H, DENIZ C U. Grand canonical Monte Carlo simulations of methane adsorption in fullerene pillared graphene nanocomposites [J]. Journal of molecular graphics and modelling, 2021, 106: 107909.

[40] 马东民. 煤层气吸附解吸机理研究[D]. 西安:西安科技大学, 2008.

[41] 林海飞, 蔚文斌, 李树刚, 等. 多因素对煤样吸附瓦斯影响试验研究[J]. 中国安全科学学报, 2015, 25(9): 121 - 126.

[42] 聂百胜, 马延崑, 何学秋, 等. 煤与瓦斯突出微观机理探索研究[J]. 中国矿业大学学报, 2022, 51(2): 207 - 220.

[43] LI J W, WANG Y Z, CHEN Z X, et al. Effects of moisture, salinity and ethane on the competitive adsorption mechanisms of CH_4/CO_2 with applications to coalbed reservoirs: a molecular simulation study[J]. Journal of natural gas science and engineering, 2021, 95: 104151.

[44] WANG Z J, WANG X J, ZUO W Q, et al. The influence of temperature on methane adsorption in coal: a review and statistical analysis[J]. Adsorption science and technology, 2019, 37(9/10): 745 - 763.

[45] 刘怀谦, 王磊, 谢广祥, 等. 煤体孔隙结构综合表征及全孔径分形特征[J]. 采矿与安全工程学报, 2022, 39(3): 458 - 469,479.

[46] 李子文, 林柏泉, 郝志勇, 等. 煤体孔径分布特征及其对瓦斯吸附的影响[J]. 中国矿业大学学报, 2013, 42(6): 1047 - 1053.

[47] 张开仲, 程远平, 王亮, 等. 基于煤中瓦斯赋存和运移方式的孔隙网络结构特征表征[J]. 煤炭学报, 2022, 47(10): 3680 - 3694.

[48] SUN J, XIAO X M, CHENG P. Methane absorption of coal-measure shales with and without pore water from the Qinshui Basin, North China: based on high-pressure methane absorption experiments[J]. Interna-

tional journal of coal geology，2022，263：104116.

[49] YE J C，TAO S，ZHAO S P，et al. Characteristics of methane adsorption/desorption heat and energy with respect to coal rank[J]. Journal of natural gas science and engineering，2022，99：104445.

[50] WANG K，WANG G D，REN T，et al. Methane and CO_2 sorption hysteresis on coal：a critical review[J]. International journal of coal geology，2014，132：60－80.

[51] 张锦，张登峰，霍培丽，等. 煤基质表面官能团对二氧化碳及甲烷吸附性能作用规律的研究进展[J]. 化工进展，2017，36(6)：1977－1988.

[52] 相建华，雷蕾. 煤表面官能团对 CH_4 及 CO_2 吸附性能的影响规律研究[J]. 煤炭科学技术，2021，49(6)：145－151.

[53] 付学祥，张登峰，降文萍，等. 煤体理化性质对其孔隙结构和甲烷吸附性能影响的研究进展[J]. 化工进展，2019，38(6)：2714－2725.

[54] MOHANTY M M，PAL B K. Sorption behavior of coal for implication in coal bed methane an overview[J]. International journal of mining science and technology，2017，27(2)：307－314.

[55] WANG A M，CAO D Y，WEI Y C，et al. Comparison of nanopore evolution in vitrinite and inertinite in coalbed methane reservoirs during coalification[J]. Journal of natural gas science and engineering，2020，78：103289.

[56] LIU Y，ZHANG C H，ZHANG Y. Evolution mechanism of methane adsorption capacity in vitrinite-rich coal during coalification[J]. Journal of natural gas science and engineering，2021，96：104307.

[57] CLARKSON C R，BUSTIN R M，LEVY J H. Application of the mono/multilayer and adsorption potential theories to coal methane adsorption isotherms at elevated temperature and pressure[J]. Carbon，1997，35(12)：1689－1705.

[58] 唐明云，张海路，段三壮，等. 基于 Langmuir 模型温度对煤吸附解吸甲烷影响研究[J]. 煤炭科学技术，2021，49(5)：182－189.

[59] 陈绍杰，陈学习，柏松，等. 基于吸附势理论的煤—甲烷吸附等温线预测[J]. 华北科技学院学报，2009，6(2)：30－32.

[60] 王文静. 煤中 N_2/CO_2 微孔填充特性实验研究[D]. 阜新：辽宁工程技术大学，2022.

[61] 苏现波，林萌，林晓英，等. 吸附势理论在煤层甲烷吸附中的应用[J]. 中国煤层气，2006，3(2)：28－30.

[62] MEGURO T，TORIKAI N，WATANABE N，et al. Application of the Dubinin-Radushkevich equation to iodine adsorption by activated carbons from aqueous solution[J]. Carbon，1985，23(2)：137－140.

[63] ERDEM-SENATALAR A，TATLLER M，SIRKECIOǦLU A. The relationship of the geometric factor in the Dubinin－Astakhov isotherm equation with the fractal dimension [J]. Colloids and surfaces A：Physicochemical and engineering aspects，2000，173(1/3)：51－59.

[64] EZZATI R. Derivation of pseudo-first-order，pseudo-second-order and modified pseudo-first-order rate equations from Langmuir and Freundlich isotherms for adsorption [J]. Chemical engineering journal，2020，392：123705.

[65] VIGDOROWITSCH M，PCHELINTSEV A，TSYGANKOVA L，et al. Freundlich isotherm：an adsorption model complete framework[J]. Applied sciences，2021，11(17)：8078.

[66] ZHAO P X，LIU H，LI S G，et al. Exploring the adsorption and diffusion characteristics of tectonic coal at different mass ratios based on the specific surface Gibbs function[J]. Powder technology，2020，376：604－611.

[67] ZHAO P X，ZHUO R S，LI S G，et al. Fractal characteristics of methane migration channels in inclined coal seams [J]. Energy，2021，225：120127.

[68] ZHAO Z，NI X M，CAO Y X，et al. Application of fractal theory to predict the coal permeability of multi-scale pores and fractures[J]. Energy reports，2021，7：10－18.

[69] 王德明. 应用分形理论及分子动力学模拟方法对气液界面现象的研究[D]. 重庆：重庆大学，2004.

[70] 逯桂平. 分形理论对煤粉粒度和孔隙的表征[J]. 洁净煤技术，2012，18(3)：29－32.

[71] 聂百胜，张力，马文芳. 煤层甲烷在煤孔隙中扩散的微观机理[J]. 煤田地质与勘探，2000，28(6)：20－22.

[72] 张凯飞. 煤层气排采过程中甲烷解吸与扩散过程的分子模拟研究

[D]. 太原：中北大学，2020.

[73] 康志勤，李翔，李伟，等. 煤体结构与甲烷吸附/解吸规律相关性实验研究及启示[J]. 煤炭学报，2018，43(5)：1400－1407.

[74] YIN T T，LIU D M，CAI Y D，et al. Gas transport and diffusion coefficients in a coupling coal system of matrix and nano-fracture：a molecular simulation study[J]. Journal of natural gas science and engineering，2022，99：104407.

[75] YAN J W，MENG Z P，LI G Q. Diffusion characteristics of methane in various rank coals and the control mechanism[J]. Fuel，2021，283：118959.

[76] 秦钰佳，唐鑫，程龙飞，等. 基于分形理论的页岩纳米孔隙粒度效应探究[J]. 断块油气田，2022，29(4)：520－526.

[77] 邓泽，王红岩，姜振学，等. 页岩和煤岩的孔隙结构差异及其天然气运移机理[J]. 天然气工业，2022，42(11)：37－49.

[78] 王登科，唐家豪，魏建平，等. 煤层瓦斯多机制流固耦合模型与瓦斯抽采数值模拟分析[J]. 煤炭学报，2023，48(2)：763－775.

[79] WISER W H. Conversion of bituminous coal to liquids and gases：chemistry and representative processes[J]. Springer netherlands，1984，124：325－350.

[80] 李靖. 高水低阶烟煤多尺度结构特征及甲烷吸附响应机制[D]. 徐州：中国矿业大学，2023.

[81] FUCHS W. Thermodynamic treatment of the swelling pressure of coal[J]. Journal of the Franklin Institute，1941，231(2)：103－119.

[82] 相建华，曾凡桂，李彬，等. 成庄无烟煤大分子结构表征与模型及分子模拟[J]. 燃料化学学报，2013，41(4)：9－17.

[83] FENG W，LI Z M，GAO H F，et al. Understanding the molecular structure of HSW coal at atomic level：a comprehensive characterization from combined experimental and computational study[J]. Green energy and environment，2021，6(1)：150－159.

[84] QIN X，YANG T，LIU Z，et al. Molecular structure，bond cleavage and their relation of four low rank coals[J]. Fuel process technology，2022，236：107391.

[85] ZHANG Y, HU S R, ZHONG Q F, et al. A large-scale molecular model of Fenghuangshan anthracite coal[J]. Fuel, 2021, 295: 120616.

[86] LI G X, ZHENG F J, HUANG Q F, et al. Molecular insight into pyrolysis processes via reactive force field molecular dynamics: a state-of-the-art review[J]. Journal of analytical and applied pyrolysis, 2022, 166: 105620.

[87] 相建华，曾凡桂，梁虎珍，等. 兖州煤大分子结构模型构建及其分子模拟[J]. 燃料化学学报，2011，39(7)：481－488.

[88] 伦嘉云. 煤体纳米孔隙结构气体吸附特性研究[D]. 北京：中国矿业大学(北京)，2020.

[89] 张彬，曾凡桂，王德璋，等. 沁水盆地南部无烟煤大分子结构模型及其含甲烷力学性质[J]. 煤炭学报，2021，46(2)：534－543.

[90] MENG J Q, ZHONG R Q, LI S C, et al. Molecular model construction and study on gas adsorption of Zhaozhuang Coal[J]. Energy fuels, 2018, 32(9): 9727－9737.

[91] ZHA W, LIN B L, LIU T. Construction of Pingdingshan coal molecular model based on FTIR and ^{13}C－NMR[J]. Journal of molecular structure, 2022, 1262: 132992.

[92] QIAN L, TAO C, MA C, et al. Construction of a macromolecular structure model for Zhundong Subbituminous Coal[J]. Journal of molecular structure, 2022, 1248: 131496.

[93] PING A, XIA W C, PENG Y L, et al. Construction of bituminous coal vitrinite and inertinite molecular assisted by ^{13}C NMR, FTIR and XPS [J]. Journal of molecular structure, 2020, 1222: 128959.

[94] ZHANG S, WANG Z M, ZHANG X D, et al. Construction of molecular structure model of Tunlan coal and its microscopic physicochemical mechanism[J]. Fuel, 2022, 308: 121936.

[95] JIANG J, YANG W, CHENG Y, et al. Molecular structure characterization of middle-high rank coal via XRD, Raman and FTIR spectroscopy: implications for coalification[J]. Fuel, 2019, 239: 559－572.

[96] HAN Q, DENG C, GAO T, et al. Construction of different metamorphic degree coal models and corresponding adsorption characteristics based on molecular simulation [J]. Journal of molecular structure, 2023,

1274: 134517.

[97] JIA Q F, LIU D M, CAI Y D, et al. Petrophysics characteristics of coalbed methane reservoir: a comprehensive review[J]. Frontiers of Earth science, 2021, 15: 202 - 223.

[98] LI L J, LIU D M, CAI Y D, et al. Coal structure and its implications for coalbed methane exploitation: a review[J]. Energy and fuels, 2021, 35(1): 86 - 110.

[99] LI H J, WANG S C, ZENG Q, et al. Effects of pore structure of different rank coals on methane adsorption heat[J]. Processes, 2021, 9(11): 3 - 12.

[100] SING K S W. Reporting physisorption data for gas/solid systems with special reference to the determination of surface area and porosity (Recommendations 1984)[J]. Pure and applied chemistry, 1985, 57(4): 603 - 619.

[101] BEMANI A, BAGHBAN A, MOHAMMADI A H, et al. Estimation of adsorption capacity of CO_2, CH_4, and their binary mixtures in Quidam shale using LSSVM: application in CO_2 enhanced shale gas recovery and CO_2 storage[J]. Journal of natural gas science and engineering, 2020, 76: 103204.

[102] ZHAO Y, FENG Y, ZHANG X. Molecular simulation of CO_2/CH_4 self-and transport diffusion coefficients in coal[J]. Fuel, 2016, 165: 19 - 27.

[103] ZHANG J F, CLENNELL M B, DEWHURST D N, et al. Combined Monte Carlo and molecular dynamics simulation of methane adsorption on dry and moist coal[J]. Fuel, 2014, 122: 186 - 197.

[104] FIROUZI M, RUPP E C, LIU C W, et al. Molecular simulation and experimental characterization of the nanoporous structures of coal and gas shale[J]. International journal of coal geology, 2014, 121: 123 - 128.

[105] HE J, JU Y, KULASINSKI K, et al. Molecular dynamics simulation of methane transport in confined organic nanopores with high relative roughness[J]. Journal of natural gas science and engineering, 2019, 62: 202 - 213.

[106] JIN Z H, FIROOZABADI A. Phase behavior and flow in shale nanopores from molecular simulations [J]. Fluid phase equilib, 2016,

430: 156 - 168.

[107] HAO M, WEI C M, ZHANG H. Adsorption and diffusion of methane in coal slit pores: insights into the molecular level[J]. Energy and fuels, 2022, 36(2): 880 - 886.

[108] LITHOXOOS G P, LABROPOULOS A, PERISTERAS L D, et al. Adsorption of N_2, CH_4, CO and CO_2 gases in single walled carbon nanotubes: a combined experimental and Monte Carlo molecular simulation study [J]. The journal of supercritical fluids, 2010, 55(2): 510 - 523.

[109] TIAN H Q, GUO G J, GENG M, et al. Effects of gas reservoir configuration and pore radius on shale gas nanoflow: a molecular dynamics study[J]. The journal of chemical physics, 2018, 148(20): 204703.

[110] LI Y Y, YANG Z Y, JU X Q, et al. Adsorption and diffusion behavior of CH_4 and CO_2 in closed and open pores from Zhaozhuang Coal[J]. Energy and fuels, 2022, 36(5): 2582 - 2590.

[111] YIN T T, LIU D M, CAI Y D, et al. A new constructed macromolecule-pore structure of anthracite and its related gas adsorption: a molecular simulation study [J]. International journal of coal geology, 2020, 220: 103415.

[112] WU H A, CHEN J, LIU H. Molecular dynamics simulations about adsorption and displacement of methane in carbon nanochannels[J]. The journal of physical chemistry C. Nanomaterials and interfaces, 2015, 119(24): 13652 - 13657.

[113] BAI Y, LIN H F, LI S G, et al. Molecular simulation of N_2 and CO_2 injection into a coal model containing adsorbed methane at different temperatures[J]. Energy, 2021, 219: 119686.

[114] 刘大锰,李振涛,蔡益栋. 煤储层孔-裂隙非均质性及其地质影响因素研究进展[J]. 煤炭科学技术,2015,43(2):10 - 15.

[115] 邓佳,张奇,王栋,等. 压力驱动条件下页岩微纳米孔隙 CO_2/CH_4 竞争吸附特性[J]. 东北石油大学学报,2021(5):109 - 116.

[116] ADISA O O, COX B J, HILL J M. Modelling the surface adsorption of methane on carbon nanostructures [J]. Carbon, 2011, 49(10): 3212 - 3218.

[117] VELA S, HUARTE-LARRAÑAGA F. A molecular dynamics simulation of methane adsorption in single walled carbon nanotube bundles [J]. Carbon, 2011, 49(13): 4544 - 4553.

[118] 李树刚，白杨，林海飞，等. N_2/CO_2 注入压力对含瓦斯煤岩中甲烷解吸的影响[J]. 天然气工业，2021，41(3)：80 - 89.

[119] TESSON S, FIROOZABADI A. Methane adsorption and self-diffusion in shale kerogen and slit nanopores by molecular simulations[J]. The journal of physical chemistry C. Nanomaterials and interfaces, 2018, 122(41): 23528 - 23542.

[120] 郝有志，卢德唐，贾晓天，等. 页岩纳米孔隙内气水混合流动的分子动力学模拟[J]. 中国科学:物理学 力学 天文学，2018，48(9)：267 - 276.

[121] 刘震一. H_2O-O_2 气体在褐煤孔隙中的扩散及吸附行为模拟[D]. 徐州:中国矿业大学，2019.

[122] LI W, STEVENS L A, ZHANG B, et al. Combining molecular simulation and experiment to understand the effect of moisture on methane adsorption in kerogens[J]. Chemical engineering journal, 2023, 454: 139942.

[123] LI W, STEVENS L A, ZHANG B, et al. Combining molecular simulation and experiment to prove micropore distribution controls methane adsorption in kerogens [J]. International journal of coal geology, 2022, 261: 104092.

[124] YIN T, ZHANG J, LIU D, et al. Application of molecular simulation in coalbed methane reservoirs: a systematic review[J]. Unconventional resources, 2022, 2: 124 - 132.

[125] 相建华，曾凡桂，梁虎珍，等. $CH_4/CO_2/H_2O$ 在煤分子结构中吸附的分子模拟[J]. 中国科学:地球科学，2014，44(7)：1418 - 1428.

[126] 孙致学，闵成，张婉露，等. CO_2/N_2 二元气体对甲烷在煤中吸附影响的分子模拟研究[J]. 煤田地质与勘探，2022，50(3)：127 - 136.

[127] 曲国娜，马兆鑫，贾廷贵，等. 高变质煤对 CH_4 和 CO_2 气体吸附试验与分子模拟研究[J]. 安全与环境学报，2022，22(1)：142 - 147.

[128] 李子文，白岩松，蔚宏进，等. 不同温度和含水率条件下 CH_4 和 CO_2 吸附热力学特性的分子模拟[J]. 煤矿安全，2022，53(10)：112 - 119.

[129] 唐巨鹏，邱于曼，马圆. 煤中 CH_4 扩散影响因素的分子动力学分析

[J]. 煤炭科学技术，2021，49(2)：85 - 92.

[130] ASIF M，NAVEEN P，PANIGRAHI D C，et al. Adsorption isotherms of CO_2 - CH_4 binary mixture using IAST for optimized ECBM recovery from sub-bituminous coals of Jharia coalfield：an experimental and modeling approach[J]. International journal of coal preparation and utilization，2019，39(8)：403 - 420.

[131] SONG Y，JIANG B，LI J H. Simulations and experimental investigations of the competitive adsorption of CH_4 and CO_2 on low-rank coal vitrinite[J]. Journal of molecular modeling，2017， 23(10)：280.

[132] DONG K，ZHAI Z，GUO A. Effects of pore parameters and functional groups in coal on CO_2/CH_4 adsorption[J]. ACS omega，2021，6(48)：32395 - 32407.

[133] 武司苑，邓存宝，戴凤威，等. 煤吸附 CO_2/O_2 和 N_2 的能力与竞争性差异[J]. 环境工程学报，2017，11(7)：4229 - 4235.

[134] 金智新，武司苑，邓存宝，等. 基于蒙特卡洛方法的煤吸附水机理[J]. 煤炭学报，2017，42(11)：2968 - 2974.

[135] 李树刚，白杨，林海飞，等. CH_4，CO_2 和 N_2 多组分气体在煤分子中吸附热力学特性的分子模拟[J]. 煤炭学报，2018，43(9)：2476 - 2483.

[136] 杨兆中，韩金轩，付蔷，等. 煤储层不同尺寸孔中 H_2O 对 CH_4 解吸扩散的分子模拟研究[J]. 天然气地球科学，2015，26(5)：951 - 957,985.

[137] GAO D M，HONG L，WANG J R，et al. Molecular simulation of gas adsorption characteristics and diffusion in micropores of lignite[J]. Fuel，2020，269：117443.

[138] SHAN C A，ZHANG T S，LIANG X，et al. Effects of nano-pore system characteristics on CH_4 adsorption capacity in anthracite[J]. Frontiers of Earth science，2019，13：75 - 91.

[139] WU S Y，JIN Z X，DENG C B. Molecular simulation of coal-fired plant flue gas competitive adsorption and diffusion on coal[J]. Fuel，2019，239：87 - 96.

[140] 杨兆中，徐鸿涛，付嫱，等. 基于分子模拟的煤层 CH_4 解吸规律研究[J]. 油气藏评价与开发，2016，6(5)：67 - 71.

[141] 陈国辉，卢双舫，刘可禹，等. 页岩气在孔隙表面的赋存状态及其

微观作用机理[J]. 地球科学，2020，45(5)：1782－1790.

[142] 何映颉，杨洋，张廷山，等. 石墨狭缝吸附页岩气的分子模拟[J]. 岩性油气藏，2016，28(6)：88－94.

[143] 张磊，李菁华，郭鲁成，等. 含瓦斯烟煤 CO_2 置换吸附行为与形变特性研究[J]. 中国矿业大学学报，2022，51(5)：901－913.

[144] TAO H H，ZHANG L H，LIU Q G，et al. Competitive adsorption and selective diffusion of CH_4 and the intruding gases in coal vitrinite[J]. Energy and fuels，2019，33：6971－6982.

[145] LIN K，YUAN Q Z，ZHAO Y P. Using graphene to simplify the adsorption of methane on shale in MD simulations[J]. Computational materials science，2017，133：99－107.

[146] SONG W，YAO J，MA J，et al. Grand canonical Monte Carlo simulations of pore structure influence on methane adsorption in micro-porous carbons with applications to coal and shale systems[J]. Fuel，2018，215：196－203.

[147] 赵明慧，刘忠军，姬帅，等. 碳纳米管内 N_2 吸附行为及等量吸附热的巨正则蒙特卡罗分子模拟[J]. 化学通报，2022，85(7)：867－875.

[148] 王丽，张蓬洲，郑敏. 用固体核磁共振和电子能谱研究我国高硫煤的结构[J]. 燃料化学学报，1996，24(6)：539－543.

[149] YAN J C，LEI Z P，LI Z K，et al. Molecular structure characterization of low-medium rank coals via XRD，solid state ^{13}C NMR and FTIR spectroscopy[J]. Fuel，2020，268：117038.

[150] 梅远飞，赵新，孙万赋，等. 小黄山煤焦油成分的谱学分析[J]. 波谱学杂志，2011，28(3)：339－348.

[151] LI Y，CAO X Y，ZHU D Q，et al. Characterization of coals and their laboratory-prepared black carbon using advanced solid-state ^{13}C nuclear magnetic resonance spectroscopy[J]. Fuel processing technology，2012，96：56－64.

[152] 唐佳阳. 黄陵矿区煤分子结构定量表征及其模型构建[D]. 西安：西安科技大学，2021.

[153] BARBOSA G D，LUZ A M，CAMARGO C L M，et al. Molecular simulation of the structural and thermodynamic properties of n-alkane/brine

interfacial systems with nonionic surfactants[J]. Colloids and surfaces A: Physicochemical and engineering aspects, 2022, 655: 130301.

[154] 张雷. 低阶煤-水/烃类油界面特征及其可浮性强化研究[D]. 太原: 太原理工大学, 2022.

[155] LI H, WANG X L, LU J X, et al. Study on the dynamics mechanism of methane diffusion in coal under microwave heating[J]. Fuel, 2023, 331: 125758.

[156] PENG X Q, JI H J. Control mechanism of small organic molecules on methane adsorption capacity of coal[J]. Fuel, 2023, 331: 125904.

[157] LI S G, YAN D J, YAN M, et al. Molecular simulation of alkyl glycoside surfactants with different concentrations inhibiting methane diffusion in coal[J]. Energy, 2023, 263: 125771.

[158] 张连昆. 微波循环作用改变煤结构及煤甲烷吸附性能的研究[D]. 太原:太原理工大学, 2022.

[159] LIU X Q, HE X, QIU N X, et al. Molecular simulation of CH_4, CO_2, H_2O and N_2 molecules adsorption on heterogeneous surface models of coal[J]. Applied surface science, 2016, 389: 894 - 905.

[160] HU H X, LI X C, FANG Z M, et al. Small-molecule gas sorption and diffusion in coal: molecular simulation[J]. Energy, 2010, 35(7): 2939 - 2944.

[161] HUANG L, NING Z F, WANG Q, et al. Kerogen deformation upon CO_2/CH_4 competitive sorption: implications for CO_2 sequestration and enhanced CH_4 recovery[J]. Journal of petroleum science and engineering, 2019, 183: 106460.

[162] HUANG L, NING Z F, WANG Q, et al. Effect of organic type and moisture on CO_2/CH_4 competitive adsorption in kerogen with implications for CO_2 sequestration and enhanced CH_4 recovery[J]. Applied energy, 2018, 210: 28 - 43.

[163] 陈正隆, 徐为人, 汤立达. 分子模拟的理论与实践[M]. 北京:化学工业出版社,2007.

[164] 欧志鹏. 纳米孔隙中甲烷扩散的分子动力学研究[D]. 成都:西南石油大学, 2014.

[165] 陈敏伯. 计算化学:从理论化学到分子模拟[M]. 北京:科学出版社,

2009.

[166] 李鹏鹏. 杜儿坪 2 号煤结构模型构建及其分子模拟[D]. 太原:太原理工大学，2014.

[167] PENG D Y，ROBINSON D B. New two-constant equation of state[J]. Industrial and engineering chemistry fundamentals，1976，15(1)：3069 - 3078.

[168] LI Q Z，RUAN M L，ZHENG Y N M，et al. Investigation on the selective adsorption and separation properties of coal mine methane in ZIF - 68 by molecular simulations[J]. Adsorption，2017，23(1)：163 - 174.

[169] MENG J Q，LI S C，NIU J X，et al. Effects of moisture on methane desorption characteristics of the Zhaozhuang coal：experiment and molecular simulation[J]. Environmental Earth sciences，2020，79(1)：44.

[170] CIMINO R T，KOWALCZYK P，RAVIKOVITCH P I，et al. Determination of isosteric heat of adsorption by quenched solid density functional theory[J]. Langmuir，2017，33(8)：1769 - 1779.

[171] XIANG J H，ZENG F G，LIANG H Z，et al. Molecular simulation of the $CH_4/CO_2/H_2O$ adsorption onto the molecular structure of coal[J]. Science China Earth sciences，2014，57(8)：1749 - 1759.

[172] ZHAO Y L，FENG Y H，ZHANG X X. Selective adsorption and selective transport diffusion of CO_2 - CH_4 binary mixture in coal ultramicropores[J]. Environ science technology，2016，50(17)：9380 - 9389.

[173] 洪林，王文静，高大猛，等. 低温氮吸附中煤阶对临界填充孔径的影响[J]. 中国安全科学学报，2022，32(4)：51 - 58.

[174] DONG K，ZENG F G，JIA J C，et al. Molecular simulation of the preferential adsorption of CH_4 and CO_2 in middle-rank coal[J]. Molecular simulation，2019，45(1/3)：15 - 25.

[175] 程敢，李玉龙，张梦妮，等. $CO_2/N_2/O_2$ 及 H_2O 分子在褐煤中的吸附行为模拟[J]. 煤炭学报，2021，46(S2)：960 - 969.

[176] XU S，SHUANG X，WEI W，et al. Competitive adsorption characteristics of N_2 and CH_4 gas mixtures on coal and its geological significance[J]. IOP conference series：Earth and environmental science，2020，546(4)：042047.

[177] 程远平，胡彪. 微孔填充:煤中甲烷的主要赋存形式[J]. 煤炭学报. 2021，46(9)：2933－2948.

[178] WANG Y，ZHU Y M，LIU S M，et al. Pore characterization and its impact on methane adsorption capacity for organic-rich marine shales[J]. Fuel，2016，181：227－237.

[179] LOZANO-CASTELLÓ D，CAZORLA－AMORÓS D，LINARES－SOLANO A. Powdered activated carbons and activated carbon fibers for methane storage：a comparative study[J]. Energy and fuels，2002，16(5)：1321－1328.

[180] ZHAO D，LI X，FENG Z，et al. Study on the behavior and mechanism of methane desorption-diffusion for multi-scale coal samples under multi-temperature conditions[J]. Fuel，2022，328：125332.

[181] CHENG M，FU X，KANG J，et al. Effect of water on methane diffusion in coal under temperature and pressure：a LF-NMR experimental study on successive depressurization desorption[J]. Fuel，2022，324：124578.

[182] HE X，CHENG Y，HU B，et al. Effects of coal pore structure on methane-coal sorption hysteresis：an experimental investigation based on fractal analysis and hysteresis evaluation[J]. Fuel，2020，269：117438.

[183] LIU Y W，WANG D D，HAO F C，et al. Constitutive model for methane desorption and diffusion based on pore structure differences between soft and hard coal[J]. International journal of mining science and technology，2017，27(6)：937－944.

[184] 龚卓，陈尚斌，李学元，等. 基于 AFM 的巫溪 2 井页岩储层孔隙特征研究[J]. 煤炭科学技术，2022，50(7)：216－223.

[185] 蒋静宇，程远平，张硕. 低阶煤孔隙结构定量表征及瓦斯吸附放散特性[J]. 煤炭学报，2021，46(10)：3221－3233.

[186] SUN Y W，WANG L，WANG R X，et al. Insight on microscopic mechanisms of CH_4 and CO_2 adsorption of coal with different ranks[J]. Fuel，2022，330：125715.

[187] 秦雷，王平，林海飞，等. 低温液氮作用后煤体的瓦斯吸附特征研究[J]. 中国矿业大学学报，2022，51(5)：914－922.

[188] 王翠霞，任棒，李成柱. 不同变质程度煤体孔隙结构非均质性表征

[J]. 煤矿安全，2021，52(6)：40－46.

[189] 刘峰，黄杨杨. 基于压汞、氮气及二氧化碳吸附的页岩孔隙结构研究[J]. 中国煤层气，2021，18(2)：8－12.

[190] 胡彪. 煤中多尺度孔隙结构的甲烷吸附行为特征及其微观影响机制[D]. 徐州：中国矿业大学，2022.

[191] ZHANG K Z，CHENG Y P，WANG L，et al. Pore morphology characterization and its effect on methane desorption in water-containing coal：an exploratory study on the mechanism of gas migration in water-injected coal seam[J]. Journal of natural gas science and engineering，2020，75：103152.

[192] LIU S Q，WANG H，SANG S X，et al. Effects of pore structure changes on the CH_4 adsorption capacity of coal during CO_2－ECBM[J]. Fuel，2022，330：125529.

[193] 刘彦伟，张鑫淼，苗健. 中高阶煤孔隙结构的演化规律研究[J]. 煤矿安全，2020，51(11)：7－13.

[194] 高尚，王亮，高杰，等. 基于分形理论的不同变质程度硬煤孔隙结构试验研究[J]. 煤炭科学技术，2018，46(8)：93－100.

[195] PENG D Y，ROBINSON D B. A new two-constant equation of state[J]. Industrial and engineering chemistry research，1976，15(1)：59－64.

[196] BAE J，BHATIA S K. High-pressure adsorption of methane and carbon dioxide on coal[J]. Energy and fuels，2006，20(6)：2599－2607.

[197] 王宝俊，章丽娜，凌丽霞，等. 煤分子结构对煤层气吸附与扩散行为的影响[J]. 化工学报，2016，67(6)：2548－2557.

[198] SMIT B. Molecular simulations of zeolites：adsorption，diffusion，and shape selectivity[J]. Chemical reviews，2008，108(10)：4125－4184.

[199] 赵永亮，冯妍卉，张欣欣. 二氧化碳/甲烷在煤微孔中传递扩散特性的分子模拟研究[C]//中国高等教育学会工程热物理专业委员会. 高等学校工程热物理专业委员会第二十届全国学术会议论文集：传热传质学专辑[S. l. : s. n.],2014.

[200] LIN H F，LONG H，LI S G，et al. CH_4 adsorption and diffusion characteristics in stress-loaded coal based on molecular simulation[J]. Fuel，2023，333：126478.

[201] LIU H, WANG E Y. Influence of functional groups on the microporous development and CO_2 - CH_4 adsorption: a molecular simulation investigation[J]. Energy exploration and exploitation, 2024, 42(4): 1344 - 1358.

[202] CLARKSON C R, BUSTIN R M. The effect of pore structure and gas pressure upon the transport properties of coal: a laboratory and modeling study. 1: isotherms and pore volume distributions [J]. 1999, 78(11): 1333 - 1344.

[203] 张守仁，桑树勋，吴见，等. CO_2 驱煤层气关键技术研发及应用[J]. 煤炭学报，2022，47(11)：3952 - 3964.

[204] 王高峰，廖广志，李宏斌，等. CO_2 驱气机理与提高采收率评价模型[J]. 油气藏评价与开发，2022，12(5)：734 - 740.

[205] 林海飞，季鹏飞，孔祥国，等. 我国低渗煤层井下注气驱替增流抽采瓦斯技术进展及前景展望[J]. 煤炭学报，2023，48(2)：730 - 749.

[206] 杨宏民，冯朝阳，陈立伟. 煤层注氮模拟实验中的置换-驱替效应及其转化机制分析[J]. 煤炭学报，2016，41(9)：2246 - 2250.